建筑装饰装修职业技能岗位培训教材

建筑装饰装修涂裱工

(初级工 中级工)

中国建筑装饰协会培训中心组织编写

中国建筑工业出版社

图书在版编目（CIP）数据

建筑装饰装修涂裱工（初级工 中级工）/中国建筑装饰协会培训中心组织编写. —北京：中国建筑工业出版社，2003
建筑装饰装修职业技能岗位培训教材
ISBN 7-112-05734-5

Ⅰ.建… Ⅱ.中… Ⅲ.建筑装饰-裱糊工程-技术培训-教材 Ⅳ.TU767

中国版本图书馆 CIP 数据核字（2003）第 021064 号

建筑装饰装修职业技能岗位培训教材
建筑装饰装修涂裱工
（初级工 中级工）
中国建筑装饰协会培训中心组织编写

*

中国建筑工业出版社出版、发行（北京西郊百万庄）
新 华 书 店 经 销
北京市彩桥印刷厂印刷

*

开本：850×1168 毫米 1/32 印张：9 字数：242 千字
2003 年 7 月第一版 2003 年 7 月第一次印刷
印数：1—10000 册 定价：13.00 元
ISBN 7-112-05734-5
TU·5033（11373）
版权所有 翻印必究
如有印装质量问题，可寄本社退换
（邮政编码 100037）

本社网址：http://www.china-abp.com.cn
网上书店：http://www.china-building.com.cn

本教材根据建筑装饰装修职业技能岗位标准和鉴定规范进行编写,考虑建筑装饰装修涂裱工的特点,围绕从初、中级工的"应知应会"内容,全书由基本知识、识图、材料、机具、施工工艺和施工管理六章组成,以材料和施工工艺为主线。

　　本书可作为涂裱工技术培训教材,也适用于上岗培训,以及读者自学参考。

出版说明

为了不断提高建筑装饰装修行业一线操作人员的整体素质，根据中国建筑装饰协会2003年颁发的《建筑装饰装修职业技能岗位标准》要求，结合全国建设行业实行持证上岗、培训与鉴定的实际，中国建筑装饰协会培训中心组织编写了本套"建筑装饰装修职业技能岗位培训教材"。

本套教材包括建筑装饰装修木工、镶贴工、涂裱工、金属工、幕墙工五个职业（工种），各职业（工种）教材分初级工、中级工和高级工、技师、高级技师两本，全套教材共计10本。

本套教材在编写时，以《建筑装饰装修职业技能鉴定规范》为依据，注重理论与实践相结合，突出实践技能的训练加强了新技术、新设备、新工艺、新材料方面知识的介绍，并根据岗位的职业要求，增加了安全生产、文明施工、产品保护和职业道德等内容。本套教材经教材编审委员会审定，由中国建筑工业出版社出版。

为保证全国开展建筑装饰装修职业技能岗位培训的统一性，本套教材作为全国开展建筑装饰装修职业技能岗位培训的统一教材。在使用过程中，如发现问题，请及时函告我会培训部，以便修正。

中国建筑装饰协会
2003年6月

建筑装饰装修职业技能岗位标准、鉴定规范、习题集及培训教材编审委员会

顾　　　问：马挺贵　张恩树
主 任 委 员：李竹成　徐　朋
副主任委员：张京跃　房　箴　王燕鸣　姬文晶
委　　　员（按姓氏笔划排序）：

王　春　王本明　王旭光　王毅强

田万良　朱希斌　朱　峰　成湘文

李　平　李双一　李　滨　李继业

宋兵虎　陈一龙　陈晋楚　张元勃

张文健　杨帅邦　吴建新　周利华

徐延凯　顾国华　黄　白　韩立群

梁家斑　鲁心源　彭纪俊　彭政国

路化林　樊淑玲

前　言

　　本书是中国建筑装饰协会规定的"建筑装饰装修职业技能岗位培训统一教材"之一，是根据中国建筑装饰协会颁发的《建筑装饰装修职业技能岗位标准》和《建筑装饰装修职业技能鉴定规范》编写的。本书内容包括初、中级涂裱工的基本知识、识图、机具、材料、施工工艺及施工管理等。通过系统的学习培训，可分别达到初级和中级工的标准。

　　本书根据建筑装饰装修涂裱工的特点，以材料和工艺为主线，突出了针对性、实用性和先进性，力求做到图文并茂、通俗易懂。

　　本书由陈晋楚主编，由韩立群、路化林主审，主要参编人员魏秀本。在编写过程中得到了有关领导和同行的支持及帮助，参考了一些专著书刊，在此一并表示感谢。

　　本书除作为业内涂裱工岗位培训教材外，也适用于中等职业学校建筑装饰专业、职业高中教学及读者自学参考。

　　本教材与《建筑装饰装修涂裱工职业技能岗位标准、鉴定规范、习题集》配套使用。

　　由于时间紧迫，经验不足，书中难免存在缺点和错漏，恳请广大读者指正。

目 录

第一章 涂裱工应具备的基础知识 …………………… 1
  第一节 涂裱在建筑工程中的地位和作用 …………… 1
  第二节 房屋建筑有关知识 ……………………………… 3
  第三节 绿色环保知识 …………………………………… 13
第二章 建筑识图 …………………………………………… 28
  第一节 建筑工程图分类 ………………………………… 28
  第二节 建筑制图标准 …………………………………… 30
  第三节 建筑施工图 ……………………………………… 44
第三章 涂裱材料 …………………………………………… 59
  第一节 涂料知识 ………………………………………… 59
  第二节 裱糊面料 ………………………………………… 86
  第三节 玻璃 ……………………………………………… 93
  第四节 玻璃钢知识 ……………………………………… 99
第四章 涂裱工常用工具、机具及设备 ……………… 103
  第一节 基层处理工具 …………………………………… 103
  第二节 油漆用容器 ……………………………………… 114
  第三节 涂料、油漆的刷涂工具 ………………………… 115
  第四节 涂料、油漆的辊涂工具 ………………………… 119
  第五节 油漆的擦涂工具材料 …………………………… 121
  第六节 喷涂用喷枪 ……………………………………… 122
  第七节 梯子 ……………………………………………… 128
  第八节 裱糊壁纸常用工具 ……………………………… 129
  第九节 裁装玻璃用工具 ………………………………… 131
第五章 涂裱及玻璃裁装工艺 ………………………… 138

第一节 工艺概述 …………………………………………… 138
第二节 涂料施工操作入门"八法" ………………………… 139
第三节 基底处理 …………………………………………… 165
第四节 涂料（油漆）的调配 ……………………………… 174
第五节 涂料施工作业的环境条件要求 …………………… 189
第六节 木材面溶剂型混色油漆施工工艺 ………………… 190
第七节 木材面漆片清色油漆施工工艺 …………………… 194
第八节 木材面磁漆磨退施工工艺 ………………………… 198
第九节 木材面硝基清漆施工工艺 ………………………… 201
第十节 木材面聚氨酯清漆施工工艺 ……………………… 205
第十一节 木材面丙烯酸清漆磨退施工工艺 ……………… 207
第十二节 金属面油漆施工工艺 …………………………… 210
第十三节 混凝土及抹灰面刷涂料施工工艺 ……………… 213
第十四节 混凝土及抹灰面刷乳胶漆施工工艺 …………… 216
第十五节 混凝土及抹灰面喷浆施工工艺 ………………… 218
第十六节 木地板油漆及打蜡施工工艺 …………………… 223
第十七节 硬木地板原色烫蜡 ……………………………… 228
第十八节 裱糊壁纸施工工艺 ……………………………… 229
第十九节 玻璃的裁切与安装 ……………………………… 235
附 《建筑装饰装修工程质量验收规范》
　　GB 50210—2001 ……………………………………… 247

第六章 涂裱工程管理知识 …………………………………… 255
第一节 工料计算 …………………………………………… 255
第二节 安全管理 …………………………………………… 262
第三节 班组管理知识 ……………………………………… 268
附录 一、涂饰工艺名词浅释 ……………………………… 276
　　 二、常用涂料名称对照表 …………………………… 277

参考文献 ……………………………………………………… 280

第一章 涂裱工应具备的基础知识

第一节 涂裱在建筑工程中的地位和作用

建筑装饰装修涂裱工是建筑装饰装修施工中的重要技术工种之一（或称建筑装饰装修施工三大技术工种之一）。它的主要技能及作用是依据建筑装饰装修设计图纸，选用相应的涂料、面料以及配套辅料，运用手工和手提或电动工具以及可移动式电动设备，通过刷、滚、喷、磨、刮、嵌、裱等手段，将涂料覆盖到建筑物内外墙面、顶面、地面以及建筑构配件上，使其形成涂膜，起到美化居住，改善工作环境，保护建筑实体，防水、防火、防霉、吸声等特殊作用，全面细致地体现建筑设计意图。

建筑装饰装修涂裱工涵盖的作业技能有涂料（油漆）、涂饰、面料裱糊（壁纸、锦缎）、玻璃裁装等，是建筑装饰装修成品的最后一道工序，是体现建筑装饰装修成果的关键工种。熟练掌握建筑装饰装修涂裱技能，对提高装饰装修水平起着重要作用。它的具体作用有：

一、涂裱是建筑工程的终端工程。一项装饰工程是否具备竣工条件，从施工程序上讲，涂裱将起到决定作用。

二、涂裱具有装饰功能。看一项工程的装饰水平高低，主要看涂裱（含玻璃）的取材与工艺（除石材、瓷砖及装饰板以外）。它色彩丰富，通过不同工艺可以获得多种装饰效果。

三、涂裱工程量占一项工程表层装饰的主要地位。一般工程的涂裱面积约占整个表层装饰的 70%～80% 以上。

四、涂裱工程的成本低。涂裱工程比其他装饰面料造价相对要低得多。

五、涂裱工程的施工工艺相对简单，使用工具也轻便，无需切割、打洞，而是利用自身的粘结性能与建筑实体相结合而融为一个整体，不用一钉一螺。但也有它的特殊性，要用手工操作来完成成品。

六、涂裱材料的比重与其他饰面材料相比要小得多。涂料刷在墙面上，几乎不增加荷载。

从《建筑工程施工质量验收统一标准》（GB50300—2001）中可以看到，整个建筑工程分为9个分部工程。每个分部工程又分为子分部工程和分项工程。

分部工程中有五项是建筑工程，它们是基础、主体结构、建筑装饰装修、建筑屋面、水电安装工程。

建筑装饰装修工程的子分部工程有：

地面、抹灰、门窗、吊顶、轻质隔断、饰面板、幕墙、涂饰、裱糊和软包、细部共10项。包含的分项工程达53项。可见，装饰装修是建筑工程的重要组成部分。从造价上看，高级装饰装修工程与主体工程已达到1∶1的水平。

作为涂裱（玻璃）工程，其在整个装饰装修工程中所占的地位也是十分显著的。现分析如下：

地面工程：水泥砂浆地面、木竹面层、木地板面层、实木复合地板、强化复合地板、竹地板。

抹灰工程：一般抹灰。

门窗：木门窗、钢门窗、特种门窗、门窗玻璃。

轻质隔断：纸面石膏板隔断、玻璃隔断。

裱糊：

细部：橱柜、窗帘盒、窗台板、暖气罩、门窗套、木护栏、扶手、木花饰。

涂饰：

10个子分部工程有7个子分部工程（40%分项工程）是需要涂饰施工的。可见，涂饰工程在整个建筑工程中的地位和作用的重要性，而且通过涂裱及玻璃安装可以体现建筑物装饰水平。

第二节 房屋建筑有关知识

建筑装饰装修是房屋建筑的一个组成部分，是一种附着性施工，特别是涂裱及玻璃工程，更是直接与建筑物的每个表面部位相结合。作为装饰装修工程载体的建筑物，是由各种不同性质的建筑材料组成的。随着科学技术的不断进步，建筑材料也在不断发展，直接推动着涂裱工程的发展。比如，20世纪50年代的民居大部分是板条抹灰隔墙，以后用混凝土板墙，现在大部分框架结构用轻体材料作填充墙。不同的墙体，涂料施工就要采取不同的操作方法。因此，作为一个装饰涂裱工，必须对房屋建筑知识有个基本了解。下面就直接与涂裱装饰有关的知识做简单介绍。

房屋建筑从使用性质分，可分为工业建筑、农业建筑和民用建筑。我们从事建筑装饰专业的，主要研究民用建筑。下面介绍直接与装饰装修有关的建筑知识。

一、建筑结构的承重方式

（一）墙承重式

承受屋顶和楼板等构件传下来的垂直荷载和风力、地震力、水平荷载。墙承重式结构由于承重墙所处的位置不同又分为承重内墙和承重外墙。

（二）骨架承重式

用柱与梁组成骨架承受全部荷载的，称为骨架承重式建筑。一般采用钢筋混凝土结构或钢结构组成骨架，用于大跨度的建筑、荷载大的建筑及高层建筑。在这类建筑中，墙不承受荷载只起围护作用。

我国传统的木构架承重系统和有些地区采用的木柱和木屋架组成的承重传统，也属于骨架承重式建筑。

（三）内骨架承重式

当建筑物的内部用梁、柱组成骨架承重，四周用外墙承重时,称为内骨架承重式建筑。这种类型常用于首层需要较大通透空间的多层建筑,如首层为商店的多层住宅等。

(四) 空间结构承重式

用空间构架或结构承受荷载的建筑,称为空间结构承重式建筑。这种类型常用于需要大空间而内部又不能设柱的建筑,如体育馆等。

二、房屋建筑承重结构的材料

(一) 砖木结构

用砖墙、木屋架作为主要承重结构的建筑称为砖木结构建筑。

(二) 砖混结构

用砖墙(或柱)、钢筋混凝土楼板和屋顶承重构件作为主要承重结构的建筑,称为砖-钢筋混凝土混合结构建筑,简称砖混结构。这是目前建造数量最大、采用最普遍的结构类型。

(三) 钢筋混凝土结构

主要承重构件全部采用钢筋混凝土结构的建筑,称为钢筋混凝土结构建筑。这种结构类型主要用于大型公共建筑、高层建筑和工业建筑。

(四) 钢结构

主要承重构件全部用钢材制作的建筑,称为钢结构建筑。它与钢筋混凝土结构比较,具有自重轻的优点。由于目前我国钢产量不高,钢结构主要用于大型公共建筑和工业建筑。

三、墙的知识

墙面在涂裱装饰中占主要地位。用什么材料组成墙体与装饰有很大的关系。因此,必须对各种墙体进行研究。

一般房屋建筑,有承重墙、围护墙和隔断墙;砖墙除承受自重外,主要是支承整个建筑物的荷载。

(一) 砖墙

有粘土砖(现已被国家规定禁止使用)、灰砂砖、焦渣砖等。灰砂砖是用30%的石灰 70%的砂子搅拌后制成砖坯,再在窑内蒸养而成。

焦渣砖是白灰和焦渣压轧而成。

（二）石墙

在产石较多的山区，一般用天然石料砌筑墙体，用于砌筑墙体的石材有石灰石、花岗石、砂石、玄武石等。

（三）粘土空心砖墙

这种墙体使用的粘土空心砖和普通粘土砖的烧结方法一样。这种粘土空心砖的竖向孔洞虽然减少了砖的承压面积，但是砖的厚度增加，砖的承重能力与普通砖相比还略有增加。容重为135kg/m³（普通粘土砖的容重为1800kg/m³）。由于有竖向孔隙，所以保温能力有所提高。这是由于空隙是静止的空气层所致。试验证明，190mm的空心砖墙，相当于240mm普通砖墙的保温能力。

（四）空斗墙

空斗墙在我国民间流传很久。这种墙体的材料是普通粘土砖。它的砌筑方法有两种：砖竖放叫斗砖，平放叫眠砖。

以上各种墙面，在涂裱施工以前，都需要抹灰打底，不能将涂料直接喷刷在墙上。

抹灰分为普通和装饰两种。普通抹灰是涂饰施工的基础，装饰抹灰有水刷石、干粘石、剁斧石、拉毛灰等，现在已不常用。

北京地区水泥砂浆抹灰做法：

18mm厚分两次操作，第一次抹12mm厚，1:3水泥砂浆打底，扫毛或划出纹道。第二道抹6mm厚，1:2.5水泥砂浆罩面。

四、隔墙

（一）砖隔墙

多用120mm厚砖隔断墙。这种隔墙是用砖砌成的，因此在涂裱前也要先抹灰。

（二）木板条隔墙

用50mm×100mm方木组成框架，钉上30mm×20mm或50mm×70mm的板条，形成体墙，再在板条外侧抹灰。灰浆应以石膏灰加少量麻刀或纸筋的麻刀灰或纸筋灰为主,如图1-1所示。

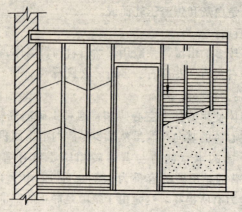

图1-1 木板条隔墙

(三) 加气混凝土砌块隔墙

加气混凝土是一种轻质小孔建筑材料,如图1-2所示。

(四) 水泥焦渣空心隔墙

水泥焦渣空心砖采用水泥、炉渣经成型蒸养而成。

(三)、(四) 两种隔墙均需要抹灰后才能喷涂。

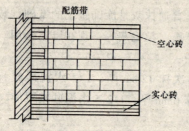

图1-2 加气块隔墙

(五) 其他板材隔墙

加气混凝土板隔墙,钢筋混凝土板隔墙,炭化石灰空心板隔墙。这种墙可以直接做涂裱。

(六) 轻钢龙骨石膏板隔断墙

目前使用最普遍的一种隔墙。不论是做涂料或裱糊,施工都十分方便。

五、楼板及吊顶知识

(一) 楼板及吊顶

楼板及吊顶也是涂料装饰的重要部位。楼板由不同材料组成。

1. 钢筋混凝土楼板。分现浇钢筋混凝土楼板和预制钢筋混凝土楼板两种，如图1-3、图1-4所示。
2. 木楼板如图1-5所示。
3. 钢板楼板。

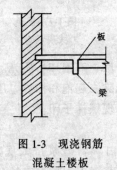

图1-3 现浇钢筋
混凝土楼板

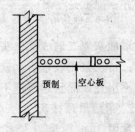

图1-4 钢筋混凝土楼板

在涂料或裱糊施工时，根据需要可以直接在楼板上进行处理，如抹灰，刮腻子，再进行涂饰或裱糊。也可以根据设计先做吊顶再装饰。

（二）吊顶的不同材料做法

1. 板条吊顶抹灰

抹灰前，先将板条洒水湿润，然后从墙角顶棚开始横着板条方向抹底层

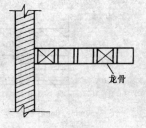

图1-5 木楼板

（结合层）砂浆。抹时应将纸筋石灰或麻刀石灰用铁抹子用力来回压抹，将砂浆挤入板条缝隙时，形成转脚如图1-6、图1-7所示。紧接着按同方向再抹一层，用铁抹子按鱼鳞式涂抹，并压入底层中。稍停一会，再抹石灰砂浆找平，用软刮尺前后左右刮平，不必压光，但要用木抹子搓平。待找平灰六、七成干时，再用铁抹子顺板条方向抹罩面灰，抹时接搓要平整，抹纹要顺直，揉实压光。

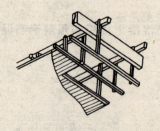

图 1-6　板条吊顶

图 1-7　板条抹灰示意

罩面灰要二遍成活，头遍薄薄抹一层，二遍抹平压光。面层抹完，待灰浆稍收水后，就要立即压光除去起泡和抹纹，压晚了则压不出光面而且越压越不平，还会出现黑抹子印。

2．苇箔吊顶抹灰

常用 3mm 厚麻刀灰打底，1∶2.5 白灰膏砂浆挤入底灰中，5mm 厚 1∶2.5 白灰膏砂浆，2mm 厚纸筋灰罩面，喷大白浆，如图 1-8 所示。

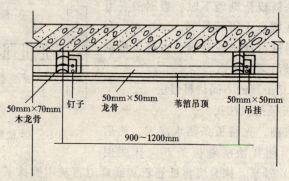

图 1-8　苇箔吊顶

3．木丝板吊顶

钢筋混凝土楼板预留 $\phi6$ 钢筋，中距 800～1200mm；用 8 号镀锌铁丝吊挂 50mm×70mm 大龙骨。

50mm×50mm 小龙骨（底面刨光），中距 450mm，找平后用 50mm×50mm 方木吊挂钉牢，再用 12 号镀锌铁丝隔一道绑一道。

钉 2.5mm 木丝板，喷大白浆，如图 1-9 所示。

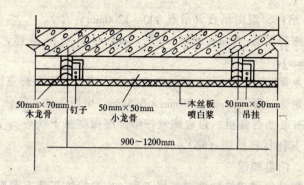

图1-9 木丝板吊顶

4.纤维板吊顶

纤维板吊顶，3.5mm厚，如图1-10所示。

钢筋混凝土楼板留φ6钢筋，中距900~1200mm；用8号镀锌铁丝吊挂50mm×70mm大龙骨。

50mm×50mm小龙骨，中距450mm，找平后用50mm×50mm方木吊挂钉牢，再用12号镀锌铁丝隔一道绑一道。

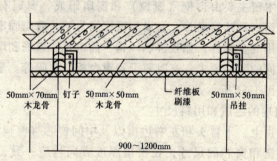

图1-10 纤维板吊顶

钉3.5mm厚纤维板，刷无光油漆。

5.纸面石膏板吊顶

纸面石膏板吊顶：9~12mm厚。

钢筋混凝土板预留φ6铁环（或用金属胀管螺栓固定），双向吊点（吊点900~1200mm一个）。

$\phi6$ 吊杆，双向吊点（吊点 900~1200mm 一个）。

大龙骨［形 50mm×15mm×1.2mm（吊点附吊挂，中距 <1200mm）。

中龙骨凹形，50mm×19mm×0.5mm，中距等于板材宽度。

小龙骨凹形，25mm×19mm×0.5mm，中距为 1m 板材宽度，9~12mm 纸面石膏板，自攻螺丝拧牢。棚面刮腻子找平。

6. 其他材料吊顶（略）

六、门窗知识

门窗是房屋建筑的重要装修工程，它与涂饰工程有着密切的联系，决定着门窗的装饰效果。门窗不仅有涂饰工程还有玻璃安装工程，是体现涂饰技艺的重点部位。

门窗的品种很多，这里主要介绍一般木门窗。

（一）木门窗

一般木门窗是由门窗框和门窗扇两部分组成的。

平开木窗的组成与尺寸。

平开木窗主要由窗框（窗樘）和窗扇组成。窗扇有玻璃窗扇、纱窗扇、百叶窗扇等。窗扇与窗框间为了开启与固定，需设置各种窗用五金零件，如铰链、风钩、插销等。窗框和墙的连接处根据不同的装修要求，有时要设置窗台板、贴脸等。平开木窗的组成如图 1-11 所示。

1. 窗扇的组成和用料尺寸

窗扇由上、下冒头和左右边梃以及中间窗芯（窗棂）组成。冒头、边梃和窗芯的尺寸，在窗扇厚度方向均应一致，一般为 35~42mm。上、下冒头和边梃的宽度一般也都一样，约为 55~60mm。下冒头也可以加宽，加宽后不仅对窗扇有加固作用，也便于安装披水。窗芯的宽度约为 30~40mm。

2. 窗扇料的断面形状

为了安装玻璃，应在窗扇料上铲出宽 10mm、深 12~15mm（依玻璃厚度不同）的铲口，叫玻璃口。安装玻璃的另一侧，应做成各种线脚，以减少对光线的阻挡和增加美观。窗扇料的形状

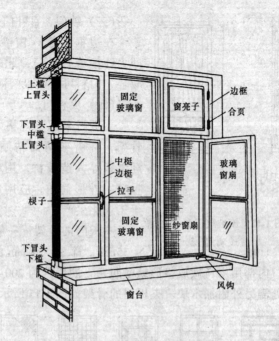

图 1-11 平开木窗的组成

与尺寸各地做法均不同。玻璃应安装在窗的室外一侧,以利防雨。

门框由两根边框和上槛、中槛、下槛组成。

门扇有镶板门,它的骨架(边框)由上、下冒头和两根边框组成。有时加中冒头,骨架半镶填的芯板。门芯板与骨架内椽之间应有一定空隙,以防膨胀起鼓。门芯板也可以采用胶合板、纤维板等材料。门芯板镶入骨架、冒头和边梃均应裁口或用木条压钉。

(二)镶玻璃门和半玻璃门

如将镶板门中的全部门芯板换成玻璃,即为镶玻璃门。如将部分门芯板换成玻璃,即为半玻璃门。玻璃嵌入边框的构造如图1-12所示。玻璃与边框或压条之间,应用油灰填塞,防止开关时玻璃因受振动而破坏,如图1-12所示。

11

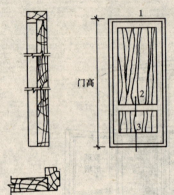

图 1-12 镶玻璃门和半截玻璃门

（三）纱门、百叶门

在边框内镶入窗纱或百叶，即为纱门或百叶门，此时因重量减轻，门料可较镶板门薄 10mm。

（四）夹板门

夹板门采用小规格木料做成骨架，在骨架两面粘贴胶合板、纤维板等人造板材，用料省，自重轻，外形简洁，应用广泛，便于工业化生产。

夹板门的骨架，一般用厚 32～35mm、宽 34～60mm 的木料制作外框，内部用木料做成格形纵横肋条，肋距约为 200～400mm，装门锁处需另外附加木块。夹板门的骨架如图 1-13 所示。

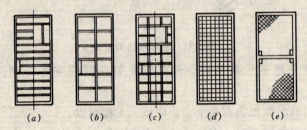

图 1-13 夹板门的骨架
(a) 横向骨架；(b) 双向骨架（一）；(c) 双向骨架（二）；
(d) 密肋骨架；(e) 蜂窝纸骨架

夹板门的面板一般为胶合板、纤维板或塑料板，用胶结材料粘贴在骨架上。夹板门的四周一般采用 15～20mm 厚的木板包边，或由骨架裁口挡住面板边缘，以确保坚固和整齐美观。夹板门的构造如图 1-14 所示。

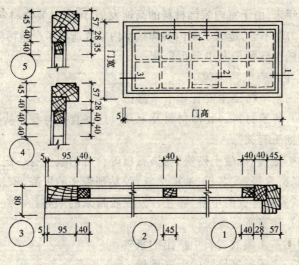

图 1-14 夹板门

第三节 绿色环保知识

一、室内空气污染

关心生态环境是人类 20 世纪 80 年代以来主要努力的方向。

人类的生存主要依靠自然生态的平衡，所谓关心生态环境，也就是要求人类自身不要破坏自然生态的平衡。自然生态平衡有益于人类的生存和发展，同时有益于环境的优化。全世界已经出现了生态危机，其中包括环境污染。"环境污染"是指自然环境诸要素（如水、空气、土壤等）在受到人为产生的化学物质、放射性物质……等污染到一定程度时，危害到人类健康和影响人类正常生活的现象。危害更大的是室内空气污染。这是与建筑装饰装修用料直接相关的大事。

室内空气污染是由于室内引入能释放有害物质的污染源或室内环境通风不佳，从而导致室内空气中有害物质无论是从数量上还是种类上都不断增加，并引起人的一系列不适症状，称为室内空气受到了污染。

近年来,由于室内装饰材料的高速发展,国家对装饰材料生产、监督的力度不够,造成了室内装饰给室内空气造成了严重污染。

室内空气污染及主要污染物

1. 室内空气污染源

室内空气污染主要有如下来源:

(1) 建筑材料、装饰材料及家具(这些直接与我们从事的装饰装修施工有关)

如矿渣砖、混凝土砌块、花岗石板等含有的氡气有一定的放射性;中高密度板、大芯板、油漆涂料、胶粘剂带来的甲醛、苯、二甲苯等,板式家具释放的甲醛,布艺沙发喷胶带来的苯等。

(2) 建房所处地段

如屋基土壤或岩石中析出的氡气。

(3) 房子所处地段的大气质量

如大气中的总悬浮颗粒、二氧化硫、氮氧化物、臭氧等。

(4) 家用电器、燃器

彩色电视机、电子计算机、空调、电冰箱、微波炉等在使用和操作过程中有一定电磁辐射、臭氧、有机物、颗粒、燃气罩、取暖器、热水器等在使用中排出的一氧化碳、氮氧化物、颗粒物、有机物等。

(5) 清洁和保护用品

家用清洁剂、清洗剂、杀虫剂、化妆品等在使用中,释放挥发的有机化合物。

(6) 人体自身活动污染

据研究,人体代谢产物中,有四百多种化学物质,如人的肠道排泄物和穿久的衣服、鞋袜等会散发出臭味,这些臭味的主要成分是硫化氢气体。人在自身的新陈代谢中产生的皮屑、头屑和呼出的二氧化碳、人在吸烟时吐出的烟雾等。烟雾中含有的尼古丁同时也是致癌物质。

造成室内空气污染的来源主要来自上述的几种,但经国内外环境专家反复深入研究,最主要的是建筑材料、装饰材料及家具。如在 1991 年召开的《首次健康建筑与居室室内空气质量的国际会议》上指示：建筑材料、建筑装饰材料以及家具等用品是导致室内空气污染的重要来源。

2. 室内空气主要污染物及其危害

室内空气污染物据国外报导，有五百余种，如：甲醛、苯、甲苯、二甲苯、苯乙烯、氯乙烯、氨气、氡气、一氧化碳、二氧化碳、氮的氧化物、二氧化硫、对二氯苯、甲基丙烯酸甲酯、邻苯二甲酸酐、甲苯二异氰酸酯（TDI）、重金属离子（如：铅、铬、汞、镉、砷等）、石棉、细菌、可吸入颗粒物等。

室内空气污染物及其危害程度与建造房子所用建筑材料和家居装修时选用建筑装饰材料有密切关系。北京地区根据有关单位调查检测，主要有甲醛、苯系物、氨气、氡气及有机挥发物，这五大毒气体和有害物被称为室内空气五大隐形"杀手"。

（1）甲醛

甲醛是一种无色容易溶解的刺激性气体，是世界上公认的可致癌的有机物之一。具有关资料研究表明，甲醛对人体健康有负面影响。当室内甲醛含量为 $0.1mg/m^3$ 时，人们就可以感到有异味和不适；含量为 $0.5mg/m^3$ 时，就有刺激眼睛的感觉，引起流泪；达到 $0.6mg/m^3$ 时，就会引起咽喉不适或者疼痛；浓度再高可引起恶心、呕吐、咳嗽、胸闷、气喘甚至肺气肿；当空气中的甲醛含量达到 $30mg/m^3$ 时，可导致当场死亡。长期接触低剂量甲醛，可以引起慢性呼吸道疾病、女性月经紊乱、妊娠综合症，引起新生儿体质降低、染色体异常，甚至引起鼻咽癌。高浓度的甲醛对神经系统、免疫系统、肝脏等都有毒害。根据流行病学调查，长期接触甲醛的人，可引起鼻腔、口腔、鼻咽、咽喉、皮肤和消化道的癌症。

居室中的甲醛主要从装修时所用的各种人造板材（如三合板、五合板、刨花板、中密度板等）、涂料、胶粘剂中挥发出来。实测数据说明，在一定的条件下，家庭装修导致室内空气含有甲醛释放期可达 3～15 年。

(2) 苯系物

苯系物是指苯、甲苯、二甲苯等化合物。苯是一种无色具有特殊芳香味的液体，被称为室内装修中的"芳香杀手。"世界卫生组织确认苯化合物为强烈致癌物质。存在于胶粘剂、涂料、油漆中，如溶剂型多彩涂料，其油滴中甲苯和二甲苯的含量约占20%～25%。人在短时间内吸入高浓度的苯，会出现中枢神经系统麻醉的症状，轻者头晕、头痛、恶心、乏力、意识模糊，重者会出现昏迷以致呼吸循环衰竭而导致死亡。去年，位于北京市三里河的居民区某住宅发生了一起因装修而引起的爆炸事件，不仅造成了财产损失，还发生了人员中毒的情况。据了解，造成这次事故的主要原因是装修时所用的油漆稀料中的苯，其空气中含量超过国家允许最高浓度的14.7倍。这是一起由于苯的浓度过高而引起的爆炸事件。

(3) 氨气

氨是一种无色具有强烈刺激性臭味的气体。它比空气轻（比重为0.5），可感觉到的最低浓度为5.3ppm，氨气的溶解度极高，所以常被吸附在皮肤粘膜和眼结膜上，从而产生刺激和炎症，减弱人体对疾病的抵抗力。短期内吸入大量氨气后，可出现流泪、咽痛，并伴有头晕、头痛、恶心、呕吐、乏力等情况，严重者可发生肺气肿，引起心脏停搏或呼吸停止而导致死亡。

氨气主要来自于冬季建筑施工中，采用了含有尿素的混凝土防冻剂和室内装修时使用的装饰材料。如在做家具面层饰面时，大都使用添加剂和增白剂，而它们都含有氨水。

(4) 氡气

氡是一种无色无味具有放射性的气体，是土壤及岩石中铀、镭、钍等放射性元素的衰变产物。氡被国际癌症研究机构（IARC）列为第一类致癌物。氡随着空气一起被人吸入肺部，一部分通过呼吸排出体外；另一部分进入支气管、肺叶和血液。进入人体的氡不断辐射变成子体，由于氡和氡的子体的衰变，致使人的呼吸道上皮细胞受到照射造成损伤，从而引发肺癌。氡对人体健康的威胁已逐步被人们所认识,并受到许多国家的重视。如瑞士、英国、加拿大、前苏联等相继开展了氡的全国抽样调查和检测。美国环保局和住宅者建筑国家协会共同制定了防氡的建筑规程,同时逐步发展了防氡结构技术以及进行建房前土壤氡含量的测试和调查。截止1991年,全世界已有22个国家和地区制定了"室内氡"的标准。

室内氡气的主要来源是建筑物地基周围土壤中的氡气和建筑装修时采用的石材、废渣砖等。

我国政府和有关部门对室内氡对人体健康的损害也非常重视。1986年以后,国家和有关部门相继颁布了《建筑材料工业废渣放射性物质限制标准》、《核工业废渣建筑材料产品防射性物质控制标准》、《天然石材产品放射性分类控制标准》、《住房内氡浓度控制标准》、《地下建筑氡及其子体控制标准》、《地热水应用中的放射卫生防护标准》等。

(5) 有机挥发物

有机挥发物主要包括芳香烃、直链烃、卤代烃、酮、醇、酯、醛等,室内装饰中所用的各种溶剂类有机涂料和胶粘剂中,常含有这些有机挥发物。它们在施工过程中大量挥发,在使用过程中缓慢释放,是室内挥发性有机物的主要来源之一。有机溶剂一般都具有不同程度的麻醉作用和对皮肤粘膜的刺激性。长期低浓度接触,可导致疲劳、脾气暴燥、精力不集中、记忆力下降等神经行为改变。不同的有机物对人体的危害有较大的差别,例如:醚醇类具有影响生殖和发育的毒性,可导致胎儿畸型;聚氨酯类可刺激皮肤、眼睛,引起过敏反应,导致支气管哮喘的发生。氯乙烯已被国际癌中心确定为致癌物质。

二、绿色环保

所谓绿色环保就是要做到"生态平衡",实现"环境优化"。这是所说的"绿色",并非色彩中的"绿色",所以要加引号。有人将室内装饰全部涂上绿色,便认为是实现了"绿色",这是错误的。"绿色"是人们追求环保的俗称。"绿色建材",就是采用清洁生产技术，少用天然资源和能源，大量使用工农业和城市固态废弃物生产的无毒、无污染、无放射性，达到生命周期，可以回收利用，有利于环境保护和人体健康的建筑材料。

"绿色"是有标准的。2002年7月1日起实行的10个限量强制性标准是"绿色"建材的下限，达不到10个强制性标准要求不能出台。推荐性"绿色"是上限，属倡导性、自愿性。

10个强制性标准点：

《室内装饰装修材料有害物质限量十个国家强制性标准》

国家质量监督检验检疫总局

（自2002年7月1日起施行）

（一）内装饰装修材料溶剂型木器涂料中有害物质限量见表1-1。

内装饰装修材料溶剂型木器涂料中有害物质限量　　表1-1

项目		限量值		
		硝基漆类	聚氨酯漆类	醇酸漆类
挥发性有机化合物 (VOC)[1]/(g/L) ≤		750	光泽 (60) ≥80, 600	550
			光泽 (60) ≥80, 700	
苯[2]/% ≤			0.5	
甲苯和二甲苯总和[2]/% ≤		45	40	10
游离甲苯二异氰酸酯 (TDI)[3]/% ≤		—	0.7	—
重金属可限色漆）(mg/kg) ≤	可溶性铅		90	
	可溶性镉		75	
	可溶性铬		60	
	可溶性汞		60	

注：1　按产品规定的配比和比例稀释后测定。如稀释剂的使用量为某一范围时，应按照推荐的最大稀释量稀释后进行测定；

2　如产品规定了稀释比例或产品由双组分或多组分组成时，应测定稀释剂和各组分中的含量，再按产品规定的配比计算后料中的总量。如衡剂的使用量为某一范围内，应按照推荐的最大稀释量进行计算；

3　如聚酯漆类规定了稀释比例或由双组分或多组分组成时，应先测定固化剂（含甲苯二异氰酸酯预聚物）中的含量，再按产品规定的配比计算后涂料中的含量。如稀释剂的使用量为某一范围时，应按照推荐的最小稀释量进行计算。

本标准适用于室内装饰装修用溶剂型木器涂料,其他树脂类型和其他用途的室内装饰装修用溶剂型涂料可参照使用。

本标准不适于水性木器涂料。

包装标志

产品包装标志除应符合 GB/T 9750—1998 的规定外,按本标准检验合格的产品可在包装标志上明示。

对于由双组分或多组分配套组成的涂料,包装标志上应明确各组分配比。对于施工时需要稀释的涂料,包装标志上应明确稀释比例。

安全涂装及防护

涂装时应保证室内通风良好,并远离火源。

涂装方式尽量采用刷涂。

涂装时施工人员应穿戴好必要的防护用品。

涂装完成后应继续保持室内空气流通。

涂装后的房间在使用前应空置一段时间。

(二) 室内装饰装修材料内墙涂料中有害物质限量

本标准规定了室内装饰装修用墙面涂料中对人体有害物质允许限量的技术要求、试验方法、检验规则、包装标志、安全漆装及防护等内容。

本标准适用于室内装饰装修用水性墙面涂料。

有害物质限量要求　　　　表 1-2

项目		限量值
挥发性有机化合物（VOC）/（g/L）≤		200
游离甲醛（g/kg）	≤	0.1
重金属（mg/kg）	可溶性铅 ≤	90
	可溶性镉 ≤	75
	可溶性铬 ≤	60
	可溶性汞 ≤	60

本标准不适用于以有机物作为溶剂的内墙涂料。

包装标志

产品包装标志除应符合 GB/T 9750—1998 的规定外,按本标准合格的产品还可在包装标志上明示。

安装涂装及防护

涂装时应保证室内通风良好。

涂装方式尽量采用刷涂。

涂装时施工人员应穿好必要的防护用品。

涂装完成后应继续保持室内空气流通。

入住前保证涂装后的房间空置一段时间。

（三）室内装饰装修材料胶粘剂中有害物质限量

本标准规定了室内建筑装饰装修用胶粘剂中有害物质限量及其试验方法。

本标准适用于室内建筑装饰装修用胶粘剂，见表1-3、表1-4。

溶剂型胶粘剂中有害物质限量值　　　　　　　表1-3

项目	指标		
	橡胶胶粘剂	聚氨酯类胶粘剂	其他胶粘剂
游离甲醛（g/kg）≤	0.5	—	—
苯*/（g/kg）≤	5		
甲苯和二甲苯/（g/kg）≤	200		
甲苯二异氰酸酯/（g/kg）≤	—	10	—
总挥发性有机物（g/L）≤	750		

注：*苯不能作为溶剂使用，作为杂质其最高含量不得大于表中规定。

水基型胶粘剂中有害物质限量值　　　　　　　表1-4

项目	指标				
	缩甲醛类胶粘剂	聚乙酸乙烯酯胶粘剂	橡胶类胶粘剂	聚氨酯类胶粘剂	其他胶粘剂
游离甲醛（g/kg）≤	1	1	1	—	1
苯*/（g/kg）≤	0.2				
甲苯和二甲苯/（g/kg）≤	10				
总挥发性有机物（g/L）≤	50				

注：*苯不能作为溶剂使用，作为杂质其最高含量不得大于表中规定。

用于室内装饰装修材料的胶粘剂产品,必须在包装上标明本标准规定的有害物质名称及其含量。

（四）室内装饰装修材料人造板及其制品中甲醛释放限量

本标准规定了室内装饰装修用人造板及其制品（包括地板、墙板等）中甲醛释放量的指标值、试验方法和检验规则。

本标准适用于释放甲醛的室内装饰装修用各类人造板及其制品。

常用人造板及其制品中甲醛释放量试验方法及限量值见表1-5。

人造板及其制品中甲醛释放量试验方法及限量值　　表 1-5

产品名称	试验方法	限量值	使用范围	限量标志[B]
中密度纤维板、高密度纤维板、刨花板、定向刨花板等	穿孔萃取法	≤90mg/100g	可直接用于室内	E1
		≤30mg/100g	必须饰面处理后可允许用于室内	E2
胶合板、装饰单板贴面胶合板、细木工板等	干燥器法	≤1.5mg/L	可直接用于室内	E1
		≤5.0mg/L	必须饰面处理后可允许用于室内	E2
饰面人造板（包括浸渍纸层压木质地板、实木复合地板、竹地板、浸渍胶膜纸饰面人造板等）	气候箱法	≤0.12mg/m^3	可直接用于室内	E2
	干燥器法	≤1.5mg/L		

仲裁时采用气候箱法

E1 为可直接用于室内的人造板，E2 为必须饰面处理后允许用于室内的人造板。

（五）室内装饰装修材料木家具中有害物质限量

本标准适用于室内使用的各类木制家具产品。

术语和定义　　本标准采用下列术语和定义。

甲醛释放量　　家具的人造板试件通过 BG/T 17657—1999 中 4.12 规定的 24h 干燥器法试验测得的甲醛释放量。

可溶性重金属含量　　家具表面色漆涂层中通过 GB/T 9758—

1988中规定的试验方法测得的可溶性铅、镉、铬、汞重金属的含量。

有害物质限量要求　　　　　　　　　表1-6

项　　目		限　量　值
甲醛释放量 mg/kg		≤1.5
重金属含量（限色漆）mg/kg	可溶性铅	≤90
	可溶性镉	≤75
	可溶性铬	≤60
	可溶性汞	≤60

（六）室内装饰装修材料聚氯乙烯卷材地板中有害物质限量

本标准适用于以聚氯乙烯树脂为主要原料并加入适当助剂，用涂敷、压延、复合工艺生产的发泡或不发泡的、有基材或无基材的聚氯乙烯卷材地板（以下简称为卷材地板），也适用于聚氯乙烯复合铺炕革、聚氯乙烯车用地板。

要求

聚乙烯单位限量　卷材地板聚氯乙烯层中氯乙烯单位含量应不大于 5mg/kg。

可溶性重金属限量　卷材地板中不得使用铅盐助剂；作为杂质，卷材地板中可溶性铅含量应不大于 $20mg/m^2$。卷材地板中可溶性镉含量应不大于 $20mg/m^2$。

挥发物的限量（单位：g/m^2）　　　表1-7

发泡类卷材地板中挥发物的限量		非发泡类卷材地板中挥发物的限量	
玻璃纤维基材	其他基材	玻璃纤维基材	其他基材
≤75	≤35	≤40	≤10

（七）混凝土外加剂中释放氨的限量

本标准规定了混凝土外加剂中释放氨的限量。

本标准适用于各类具有室内使用功能的建筑，能释放氨的混凝土外加剂；不适用于桥梁、公路及其他室外工程用混凝土外加剂。

要求：混凝土外加剂中释放氨的量≤0.10%（质量分数）。

(八) 室内装饰装修材料壁纸中有害物质限量

本标准规定了壁纸中的重金属（或其他）元素、氯乙烯单体及甲醛三种有害物质的限量、试验方法和检验规则。

本标准主要适用于以纸为基材的壁纸。主要以纸为基材，通过胶粘剂贴于墙面或顶棚上的装饰材料，不包括墙毡及其他类似的墙挂。

壁纸中的有害物质限量值（单位：mg/kg） 表1-8

有害物质名称		限 量 值
重金属（或其他）元素	钡	≤1000
	镉	≤25
	铬	≤60
	铅	≤90
	砷	≤8
	汞	≤20
	硒	≤165
	锑	≤20
氯乙烯单体		≤1.0
甲醛		≤120

(九) 室内装饰装修材料地毯中有害物质释放限量

有害物质释放限量（单位：mg/m²h） 表1-9

序号	有害物质测试项目	限 量	
		A级	B级
1	总挥发性有机化合物（TVOC）	≤0.500	≤0.600
2	甲醛（Formadehyde）	≤0.050	≤0.050
3	苯乙烯（Scyrene）	≤0.400	≤0.500
4	4—苯基环己烯（4—Phenylcyclohexene）	≤0.050	≤0.050

地毯衬垫有害物质释放限量（单位：mg/m²h） 表1-10

序号	有害物质测试项目	限 量	
		A级	B级
1	总挥发性有机化合物（TVOC）	≤1.000	≤1.200
2	甲醛（Formadehyde）	≤0.050	≤0.050

续表

序号	有害物质测试项目	限量 A级	限量 B级
3	丁基羟基甲苯 BHT—butylatedhydrkxytiluene	≤0.030	≤0.030
4	4—苯基环己烯（4—Phenylcyclohexene）	≤0.050	≤0.050

地毯胶粘剂有害物质释放限量（单位：mg/m^2h）　　表1-11

序号	有害物质测试项目	限量 A级	限量 B级
1	总挥发性有机化合物（TVOC）	≤10.000	≤12.000
2	甲醛（Formadehyde）	≤0.050	≤0.050
3	2-乙基已醇（2-ethy1-1-hexanol）	≤3.00	≤3.500

A级为环保型产品，B级为有害物质释放限量合格产品。在产品标签上，应标识产品有害物质释放量的级别。

建筑材料放射性核素限量

本标准规定了建筑材料中天然放射性核素镭—226、钍—232、钾—40放射性比活度的限量和试验方法。

本标准适用于建造各类建筑物所使用的无机非金属类建筑材料，包括掺工业废渣的建筑材料。

建筑材料

本标准中建筑材料是指：用于建造各类建筑物所使用的无机非金属类材料。

本标准将建筑材料分为：建筑主体材料和装修材料。

建筑主体材料

用于建造建筑物主体工程所使用的建筑材料。包括：水泥与水泥制品、砖、瓦、混凝土、混凝土预制构件、砌块、墙体保温材料、工业废渣、掺工业废渣的建筑材料及各种新型墙体材料等。

装修材料

用于建筑物室内、外饰面用的建筑材料。包括：花岗石、建筑陶瓷、石膏制品、吊顶材料、粉刷材料及其他新型饰面材料等。

建筑主体材料放射性核素限量

当建筑主体材料中天然放射性核素镭—226、钍—232、钾—40 的放射性比活度同时满足 $I_{Ra} \leq 1.0$ 和 $I_r \leq 1.0$ 时,其产销与使用范围不受限制。

对于空心率大于 25% 的建筑主体材料,其天然放射性核素镭—226、钍—232、钾—40 的放射性比活度同时满足 $I_{Ra} \leq 1.0$ 和 $I_r \leq 1.3$ 时,其产销与使用范围不受限制。

装修材料放射性核素限量

本标准根据装修材料放射性水平大小划分为以下三类:

A 类装修材料

装修材料中天然放射性核素镭—226、钍—232、钾—40 的放射性比活度同时满足 $I_{Ra} \leq 1.0$ 和 $I_r \leq 1.3$ 要求的为 A 类装修材料。A 类装修材料产销与使用范围不受限制。

B 类装修材料

不满足 A 类装修材料要求但同时满足 $I_{Ra} \leq 1.3$ 和 $I_r \leq 1.9$ 要求的为 B 类装修材料。B 类装修材料不可用于 I 类民用建筑的内饰面,但可用于 I 类民用建筑的外饰面及其他一切建筑物的内、外饰面。

C 类装修材料

不满足 A、B 类装修材料要求但满足 $I_r \leq 2.8$ 要求的为 C 类装修材料。C 类装修材料只可用于建筑物的外饰面及室外其他用途。

$I_r > 2.8$ 的花岗石只可用于碑石、海堤、桥墩等人类很少涉及到的地方。

其他要求

使用废渣生产建筑材料产品时,其产品放射性水平应满足本标准要求。

当企业生产更换原料来源或配比时,必须预先进行放射性核素比活度检验,以保证产品满足本标准要求。

花岗岩矿床勘查时,必须用本标准中规定的装修材料分类控制值对花岗岩矿床进行放射性水平的预评价。

装修材料生产企业按照本标准要求,在其产品包装或说明书中应注明其放射性水平类别。

各企业进行产品销售时,应持具有资质的检测机构出具的符合本标准规定的天然放射性核素检验报告。

在天然放射性较高地区,单纯利用当地原材料生产的建筑材料产品,只要其放射性比活度不大于当地地表土壤中相应天然放射性核素平均水平的,可在本地区使用。

以上标准由中华人民共和国国家质量监督检验检疫总局发布。

自2002年1月1日起,生产企业生产的产品应执行该国家标准,过渡期6个月。自2002年7月1日起,市场上停止销售不符合该国家标准的产品。

我们从事建筑装饰工程的施工人员必须严格掌握强制性标准。做一名"绿色环保"的维护者和执行者。

三、已被淘汰的落后装饰材料(与涂装有关部分)

第一批限制使用产品目录

聚乙烯醇缩甲醛胶粘剂

淘汰原因:低档聚合物性能差,产品档次低,不准用于粘贴墙、地砖及石材,2000年3月1日起。

第二批淘汰类产品目录

表1-12

序号	淘汰产品	原因	执行日期	替代产品
1	以聚乙烯醇缩甲醛为胶结材料的水溶性涂料	有害气体大,对施工人员及用户健康有不良影响	2001.10.1	机械成型工艺生产的隔墙板
2	改性聚氯乙烯(PVC)弹性密封胶条	弹性差、易龟裂	2001.10.1	三元乙丙橡胶密封条

第三批限制类产品目录

不耐水石膏类刮腻子,执行日期 2001 年 10 月 1 日,替代产品为各种耐水腻子。见表 1-12。

第二章 建筑识图

第一节 建筑工程图分类

一、按投影法分

(一) 正投影图

此类图是用平行投影的正投影法绘制的多面投影图,这种图画法简便,显示性好,是绘制建筑工程图的主要图示方法如图2-1(c)所示。但是,这种图缺乏立体感,必须经培训才能看懂。

(二) 轴测图

此类图是用平行投影法绘制的单面投影图,这种图有立体感,如图2-1(b)所示。图上平行于轴测轴的线段都可以测量。但轴测图较难绘制,一个轴测图仅能表达形体的一部分,因此常作为辅助图样。如画了物体的三面投影图后,侧面再画一个轴测图来帮助看懂三面投影图。轴测图也常被用来绘制给排水系统图和各类书籍中的示意图。

(三) 透视图

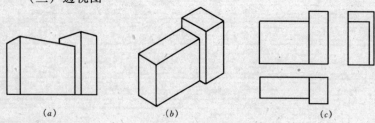

图2-1 建筑工程常用的投影图
(a) 透视图;(b) 轴测图;(c) 三面投影图

此类图是用中心投影法绘制的单面投影图,如图 2-1（a）所示。这种图形同人的眼睛观察物体或摄影所得的结果相似,形象逼真立体感强,能很好表达设计师的意图,常被用来绘制效果图。缺点是不能完整表达形体,更不能标注尺寸。它和轴测图的区别是等长的平行线段有近长远短的变化。

以一幢由两个四棱柱体组成的楼房为例,用三种投影法画出的投影图,分别如图 2-1 所示。

二、按工种和内容分类

（一）总平面图

包括目录、设计说明、总平面布置图、竖向设计图、土方工程图、管道综合图、绿化布置图等。

（二）建筑施工图

包括目录、首页（含设计说明）、平面图、立面图、剖面图、节点详图等。

（三）装饰施工图

包括目录、首页（含设计说明）、楼地面平面图、顶棚平面图、室外立面图、室内立面图、剖面图、节点详图等。

（四）结构施工图

包括目录、首页（含设计说明）、基础平面图、基础详图、结构布置图、钢筋混凝土构件详图、节点构造详图等。

（五）给水、排水施工图

分为室内和室外两部分。包括目录、设计说明、平面图、系统图、局部设施图、节点详图等。

（六）采暖空调施工图

包括目录、设计说明、采暖平面图、通风除尘平面图、采暖管道系统图等。

（七）电气施工图

包括供电总平面图、电力图、电气照明图、自动控制图、建筑防雷保护图等。电气照明图包括目录、设计说明、照明平面图、照明系统图、照明控制图等。

（八）弱电施工图

包括目录、设计说明、电话音频线路网设计图、广播电视、火警信号等设计图。

三、按使用范围分类

（一）单体设计图

这是我们常见的一种图纸。图纸只适合一个建筑物、一个构件或节点。此类图，虽然针对性强，但设计量大，图纸多。

（二）标准图

把各种常用的、大量性的房屋建筑及建筑配件，按《国标》统一模数设计成通用图。如要建某种规模的医院，去标准设计院买套图纸就可用。不仅节约时间而且设计质量高。我们常见到的是各种节点和配件的图集。此外，各省、市都有自己的标准图集。

四、按工程进展阶段分类

（一）初步设计阶段图纸

只有总平面、平面、立面、剖面等主要图纸，没有细部构造节点图。一般用来做方案对比和申报工程项目之用。

（二）施工图

此类图为完整、系统的成套图纸。用来指导施工，计算材料、人工，质量检查、评审等。

（三）竣工图

工程竣工后根据工程实际情况绘制的图纸，是房屋维修的重要参考资料。

第二节 建筑制图标准

一、建筑工程主要制图标准

1. 房屋建筑制图统一标准 GB/T 50001—2001
2. 总图制图标准 GB/T 50103—2001
3. 建筑制图标准 GB/T 50104—2001
4. 建筑结构制图标准 GB/T 50105—2001

5. 给水排水制图标准 GB/T 50106—2001
6. 暖通空调制图标准 GB/T 50114—2001
7. 建筑电气制图标准

二、图纸的规格和形式

1. 图纸的形式

图纸由边框、标题栏、会签栏、对中标志组成，分为横式和立式两种，分别如图 2-2、图 2-3 所示。

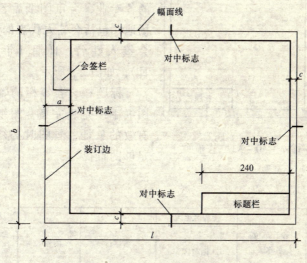

图 2-2　A0～A3 横式幅面

2. 图纸的幅面

图纸的幅面应符合表 2-1 的规定，必要时图纸的长边可以加长，短边一般不应加长。

幅面及图框尺寸（mm）　　　　　表 2-1

尺寸代号＼幅面代号	A0	A1	A2	A3	A4
$b \times l$	841×1189	594×841	420×594	297×420	210×297
c	10			5	
a	25				

3. 标题栏、会签栏

图纸的标题栏内应有工程名称、图号、图名、设计单位以及设计人、制图人、审批人的签名等内容,如图2-4所示。以便查阅图纸和明确技术责任。

会签栏是和图纸内容有关的各专业,会审图纸后签名的场地。包括会签人代表的专业、会签人姓名、日期(年、月、日),如图2-5所示。

标题栏、会签栏的签字是图纸手续是否完备,图纸是否有效的象征,看图时必须引起足够的重视。

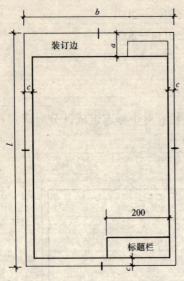

图2-3　A0~A3立式幅面

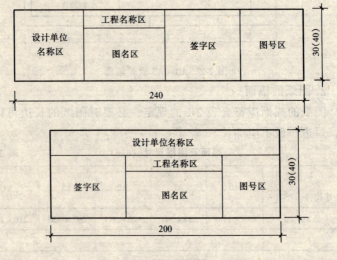

图2-4　标题栏

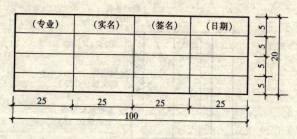

图 2-5 会签栏

三、图线

工程图是由线条构成的,各种线条均有明确的含义。详见表 2-2,图线应用示例如图 2-6 所示。

图 线　　　　　　　　　　表 2-2

名称		线型	线宽	一般用途
实线	粗	——————	b	主要可见轮廓线
	中	——————	$0.5b$	可见轮廓线
	细	——————	$0.25b$	可见轮廓线、图例线
虚线	粗	– – – – –	b	见各有关专业制图标准
	中	– – – – –	$0.5b$	不可见轮廓线
	细	- - - - -	$0.25b$	不可见轮廓线、图例线
单点长划线	粗	—·—·—·	b	见各有关专业制图标准
	中	—·—·—·	$0.5b$	见各有关专业制图标准
	细	—·—·—·	$0.25b$	中心线、对称线等
折断线		∿	$0.25b$	不需画全的断开界线
波浪线		～～～	$0.25b$	不需画全的断开界线 构造层次的断开界线

注:地平线的线宽可用 $1.4b$。

四、比例

图样的比例,应为图形与实物相对应的线性尺寸之比。比例的大小,是指其比值的大小,如 1:50 大于 1:100。比值为 1 的比

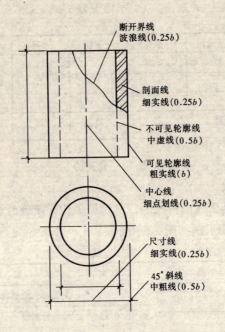

图 2-6　图线应用示例

例叫原值比例，比值大于 1 的比例称为放大比例，比值小于 1 的比例称为缩小比例。比例的注写方法如图 2-7 所示。

常用比例	1∶1、1∶2、1∶5、1∶10、1∶20、1∶50、1∶100、1∶150、1∶200、1∶500、1∶1000、1∶2000、1∶5000、1∶10000、1∶20000、1∶50000、1∶100000、1∶200000
可用比例	1∶3、1∶4、1∶6、1∶15、1∶25、1∶30、1∶40、1∶60、1∶80、1∶250、1∶300、1∶400、1∶600

平面图 1∶100　　⑥ 1∶20

图 2-7　比例的注写

五、尺寸标注

1. 图样上的尺寸，由尺寸界线、尺寸线、尺寸起止符号和尺寸数字组成，如图 2-8 所示。

2. 图样上的尺寸单位，除标高及总平面以米为单位外，其他必须以毫米为单位。

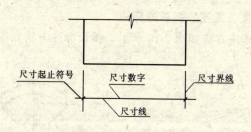

图 2-8 尺寸的组成

3. 半径、直径、球的尺寸标注

半径、直径的尺寸注法如图 2-9 所示。标注球的半径尺寸时,应在尺寸前加注符号"SR"。标注球的直径尺寸时,应在尺寸数字前加注符号"Sϕ"。注写方法与圆弧半径和圆直径的尺寸标注方法相同。

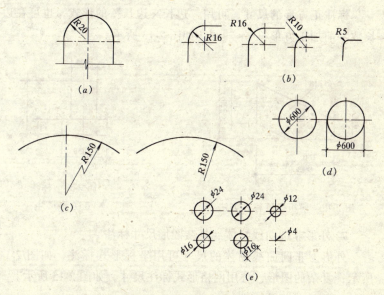

图 2-9 半径、直径标注方法

(a) 半径标注方法;(b) 小圆弧半径的标注方法;(c) 大圆弧半径的标注方法;(d) 圆直径的标注方法;(e) 小圆直径的标注方法

4. 角度、弧度、弧长的标注

角度标注方法如图 2-10 所示，弧长标注方法如图 2-11 所示。

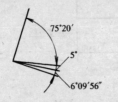

图 2-10 角度标注方法

图 2-11 弧长标注方法

5. 薄板厚度的尺寸标注

在薄板板面标注板厚尺寸时，应在厚度数字前加厚度符号"t"，如图 2-12 所示。

6. 正方形的尺寸标注

标注正方形的尺寸，可用"边长×边长"的形式，也可在边长数字前加正方形符号"□"，如图 2-13 所示。

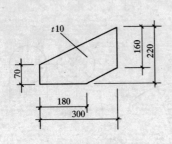

图 2-12 薄板厚度标注方法

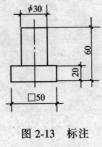

图 2-13 标注正方形尺寸

7. 外形非圆曲线物体、复杂图形尺寸标注

外形为非圆曲线物体的尺寸可用坐标形式标注，如图 2-14 所示；复杂的图形，可用网格形式标注尺寸，如图 2-15 所示。

8. 坡度的标注方法。

常见坡度的标注如图 2-16 所示。

9. 标高

常见标高的标注如图 2-17、图 2-18 所示。

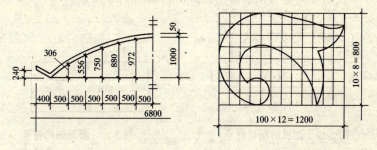

图 2-14　坐标法标注曲线尺寸　　图 2-15　网格法标注曲线尺寸

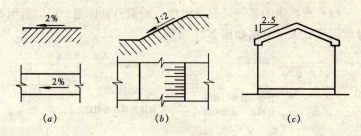

图 2-16　坡度标注方法

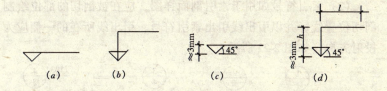

图 2-17　标高符号

l—取适当长度注写标高数字；h—根据需要取适当高度

六、符号

1. 剖切符号

（1）剖视的剖切符号由剖切位置线及投射方向线组成，均应以粗实线绘制，如图 2-19 所示。

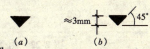

图 2-18　总平面图室外地坪标高符号

(2) 断面的剖切符号只用剖切位置线表示用粗实线绘制。编号所在的一侧应为该断面剖视方向,如图 2-20 所示。

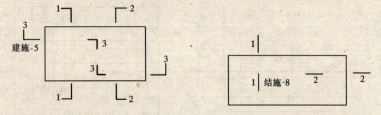

图 2-19　剖视的剖切符号　　　图 2-20　断面剖切符号

2. 索引符号与详图符号

(1) 图样中的某一局部或构件,如需另见详图,应以索引符号索引,其表示方法如图 2-21 所示。

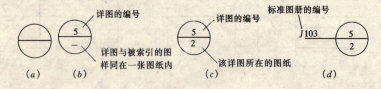

图 2-21　索引符号

(2) 索引符号如用于索引剖面详图,应在被剖切的部位绘制剖切位置线,并以引出线引出索引符号,引出线所在的一侧应为投射方向,如图 2-22 所示。

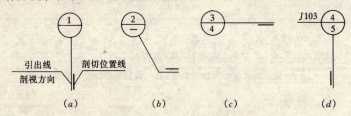

图 2-22　用于索引剖面详图的索引符号

(3) 详图的位置和编号,应以详图符号表示,如图 2-23 所示。

(4) 索引和详图关系

图 2-24 所示"建施-5"为一楼梯立面图,在扶手上有索引剖

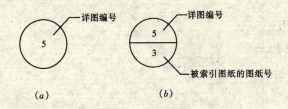

图 2-23 详图符号
（a）与被索引图样同在一张图纸内的详图符号；
（b）与被索引图样不在同一张图纸内的详图符号

面详图符号 $\frac{1}{8}$，表示 1 号详图在 8 号图纸内；我们找到"建施-8"，见有扶手详图，其符号为 $\frac{1}{5}$，表示 1 号详图用在 5 号图纸内，得到了验证。

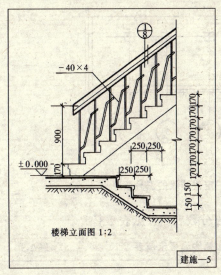
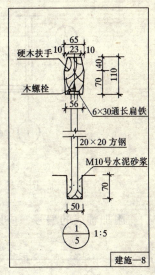

图 2-24 索引和详图关系

3. 其他符号

除以上叙述外，图纸中还有一些符号较常出现如图 2-25～图

2-27 所示。

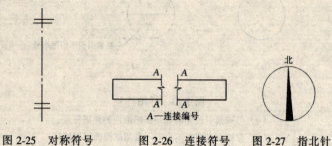

图 2-25 对称符号　　图 2-26 连接符号　　图 2-27 指北针

4．定位轴线

平面图上的定位轴线编号，宜标注在图样的下方与左侧。横向编号应用阿拉伯数字，从左至右顺序编写，竖向编号应用大写拉丁字母，从下至上顺序编写，如图 2-28 所示。

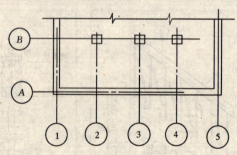

图 2-28 定位轴线的编号顺序

附加轴线的编号，应以分数表示，见表 2-3。

附加轴线编号示例表	表 2-3
①/②	表示 2 号轴线之后附加的第一根轴线
③/C	表示 C 号轴线之后附加的第三根轴线

续表

	1号轴线或A号轴线之前的附加轴线的分母应以01或0A表示，如： 表示1号轴线之前附加的第一根轴线
	表示A号轴线之前附加的第三根轴线

单面内视符号

双面内视符号

四面内视符号

图 2-29　内视符号

5. 内视符号

为表示室内立面图在平面图上的位置，应在平面图上用内视符号注明内视位置、方向及立面编号，如图2-29所示。立面编号用拉丁字母或阿拉伯数字表示。内视符号具体应用如图2-30所示。

七、图例

常用建筑材料图例

"房屋建筑制图统一标准"GB/T 50001—2001规定的图例见表2-4。

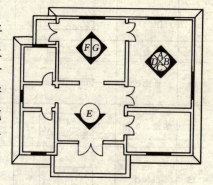

图 2-30　平面图上内视符号应用示例

常用建筑材料图例　　　　　　表 2-4

序号	名　称	图　例	备　注
1	自然土壤	⫽⫽⫽	包括各种自然土壤

续表

序号	名　称	图　例	备　注
2	夯实土壤		
3	砂、灰土		靠近轮廓线绘较密的点
4	砂砾石、碎砖三合土		
5	石　材		
6	毛　石		
7	普通砖		包括实心砖、多孔砖、砌块等砌体。断面较窄不易绘出图例线时，可涂红
8	耐火砖		包括耐酸砖等砌体
9	空心砖		指非承重砖砌体
10	饰面砖		包括铺地砖、锦砖、陶瓷锦砖、人造大理石等
11	焦渣、矿渣		包括与水泥、石灰等混合而成的材料
12	混凝土		1．本图例指能承重的混凝土及钢筋混凝土 2．包括各种强度等级、骨料、添加剂的混凝土 3．在剖面图上画出钢筋时，不画图例线 4．断面图形小，不易画出图例线时，可涂黑
13	钢筋混凝土		

续表

序号	名称	图例	备注
14	多孔材料		包括水泥珍珠岩、沥青珍珠岩、泡沫混凝土、非承重加气混凝土、软木、蛭石制品等
15	纤维材料	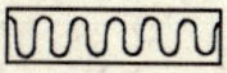	包括矿棉、岩棉、玻璃棉、麻丝、木丝板、纤维板等
16	泡沫塑料材料		包括聚苯乙烯、聚乙烯、聚氨酯等多孔聚合物类材料
17	木材		1. 上图为横断面,上左图为垫木、木砖或木龙骨 2. 下图为纵断面
18	胶合板	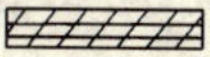	应注明为×层胶合板
19	石膏板	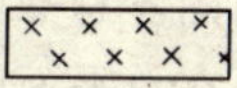	包括圆孔、方孔石膏板、防水石膏板等
20	金属		1. 包括各种金属 2. 图形小时,可涂黑
21	网状材料		1. 包括金属、塑料网状材料 2. 应注明具体材料名称
22	液体	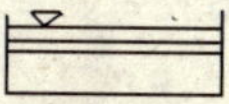	应注明具体液体名称
23	玻璃		包括平板玻璃、磨砂玻璃、夹丝玻璃、钢化玻璃、中空玻璃、加层玻璃、镀膜玻璃等

续表

序号	名称	图例	备注
24	橡胶		
25	塑料		包括各种软、硬塑料及有机玻璃等
26	防水材料		构造层次多或比例大时，采用上面图例
27	粉刷		本图例采用较稀的点

注：序号 1、2、5、7、8、13、14、16、17、18、22、24、25 图例中的斜线、短斜线、交叉斜线等一律为 45°。

第三节 建筑施工图

一、平面图

平面图分总平面图和建筑平面图。总平面图是说明建筑物所在地理位置和周围环境的平面图。在总平面图上标有建筑物的外形尺寸、坐标（±0.000 相当于绝对标高）、建筑物周围地形地物、原有道路、原有建筑、地下管网等。

（一）建筑平面图的形成

建筑平面图是假想用一水平的剖切平面，沿着房屋门窗口的位置，将房屋剖开，拿掉上部分，对剖切平面以下部分所作出的水平投影图。实际上建筑平面图是一个房屋的水平全剖面图，如图 2-31 所示。

（二）建筑平面图的命名和分类

建筑平面图常以剖切部位命名。

1 底层平面图   2 标准层平面图
3 地下室平面图 4 设备层平面图
5 屋顶平面图   6 装饰平面图

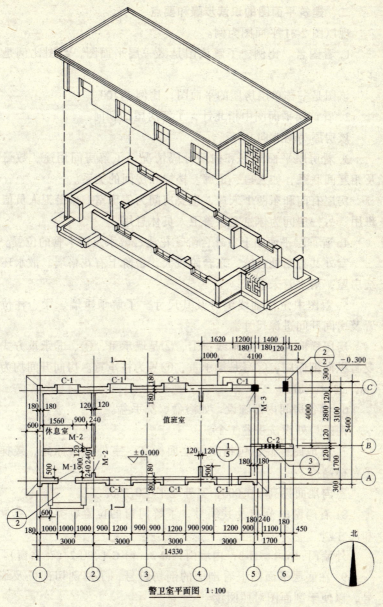

图 2-31 平面图的形成

二、建筑平面图的识读步骤和要点

现以图 2-31 平面图为例。

1. 看图名、比例，了解该图是哪一层平面图，绘图比例是多少。

该图是一栋单层房屋的平面图，比例 1∶100。

2. 看首层平面图中指北针，了解房屋的朝向。

该房屋为南北向。

3. 看房屋平面外形和内墙分隔情况，了解房间用途、数量及相互间联系，如入口、走廊、楼梯和房间的关系。

房屋有南和东两个入口，主要房间为值班室，供警卫人员值班用；另一房间为休息室供警卫人员休息用。

4. 看首层平面图上室外台阶、花池、散水及雨水管的位置。

室外共有两处台阶，东台阶较大，台阶上有花格墙。散水环绕房屋，雨水管未表示。

5. 看图中定位轴线编号及其尺寸。了解承重墙、梁、柱位置及房间开间进深尺寸。

房屋横向共有 6 条轴线：①、②是墙承重，④、⑤承重方式要看纵向剖面图，③号是梁承重，⑥号为柱承重。房间开间均为 3m，进深 4.8m。

6. 看各房间内部陈设，如浴盆、洗手盆。

南入口处设洗手盆 1 个。

7. 看地面标高，包括室内地面标高、室外地面标高、楼梯平台标高等。

室内地面标高 ±0.000，室外地平 −0.300。

8. 看门窗的分布及其编号，了解门窗的位置、类型、数量和尺寸。

外墙门：M-1、M-3，内墙门：M-2；窗 C-1、C-2（花格窗）。

9. 在底层平面图上看剖面的剖切符号，了解剖切部位及编号，以便于剖面图对照阅读。

1-1 剖面，剖切Ⓐ、Ⓒ轴线两墙，向西看。

10. 查看平面图上索引符号，便于详图对照阅读。

索引符号 3 处 $\frac{1}{2}$、$\frac{2}{2}$、$\frac{3}{2}$；索引剖切符号 1 处 $\frac{1}{5}$。

三、立面图

（一）立面图的形成

立面图是将建筑物各个墙面进行投影所得到的正投影图，如图 2-32 所示。

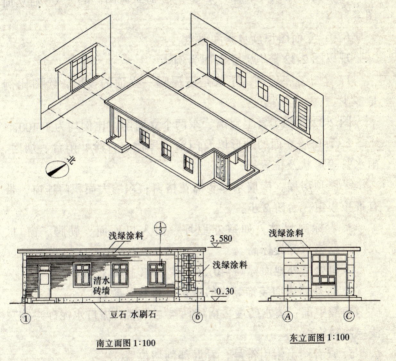

图 2-32 立面图的形成

（二）立面图的命名

立面图命名有三种：

1. 按立面主次命名

把房屋的主要出入口或反映房屋外貌主要特征的立面称为

"正立面图",而把其他立面分别称之为背立面图、左侧立面图和右侧立面图。

2. 按立面的朝向命名

把房屋的各个立面图分别称为南立面图、北立面图、东立面图和西立面图。

3. 按立面图两端的轴线来命名

把房屋立面图分别称为如①~⑦轴立面图。Ⓔ~⒁轴立面图等。

（三）立面图识读步骤和要点

现以图 2-32 警卫室立面图为例。

1. 看图名和比例，了解是房屋哪一立面的投影，绘图比例是多少。

图 2-32 共画了警卫室南、东两个立面图，比例均为 1:100。

2. 看房屋立面的外形以及门窗、屋檐、台阶、阳台、烟囱、雨水管等形状及位置。

平屋顶房屋，南墙东部装饰花格窗；东墙大面积门连窗，带有推拉小窗；台阶 2 步。

3. 看标高尺寸，如室外地坪、出入口地面、勒脚、窗口、大门口及檐口等处标高。

入口处室外地面标高 -0.300m，檐口上端 3.580m。

4. 看外墙表面装饰装修的做法（材料、颜色）。

南墙中部：清水砖墙，南墙两端、东墙、檐口水泥砂浆抹灰浅绿涂料饰面。

5. 查看图上索引符号，看局部剖切位置。

南立面图有墙面剖切索引符号 $\frac{1}{5}$，表示 1 号墙身详图在第 5 张图纸内。

四、剖面图

（一）剖面图的形成

剖面图是假想用一个垂直的平面将建筑物切开，移去前面部分，对后面一部分做正投影而得到的视图，如图 2-33 中的 1-1 剖面图所示。有时为了表现内容多一些采用两个平行剖面剖切，如图 2-33 中的 2-2 剖面图。

（二）剖面图的命名

剖面图的剖切位置一般标在平面图上，剖面图以剖切位置的编号命名，如 1-1 剖面图、2-2 剖面图。

（三）剖面图的识读步骤和要点

现以图 2-33 警卫室剖面图为例。

1. 看图名、轴线编号和绘图比例，与首层平面图对照，确定剖切平面的位置及投影方向。

1-1 剖面剖切②~③轴线之间，Ⓐ、Ⓒ两轴墙；2-2 剖面是阶梯剖面，剖①、②轴墙后转折剖⑤轴门连窗。

2. 看房屋内部构造，如各层楼板、楼梯、屋面的结构形式、位置及其与墙（柱）的相互关系等。

从图中可看出屋面为现浇钢筋混凝土屋面板，③、④、⑤、⑥轴线被 2-2 剖面剖切到部分均为梁承重。

3. 看房屋各部位的高度，如房屋总高、室外地坪、门窗顶、窗台、檐口等处标高，室内首层地面标高、各层楼面及楼梯平台的标高。

室内地面标高 ±0.000m、室外地坪标高 −0.300m、檐口上端标高 3.580m，以上标高均为完成面尺寸；窗洞口上沿 2.500m、下沿 0.900m，⑥轴梁底标高 2.950m，屋顶标高 3.350m，以上标高均为毛面标高。

4. 看楼地面、屋面的构造，在剖面图中表示楼地面、屋面构造时，通常在引出线上列出做法的编号。编号有时是图纸中自编的，有的是图集中的编号。

图中地 9 的出处查图纸建筑总说明、所在图纸说明或墙身详图。

5. 看有关部位坡度的标注，如屋面、散水、排水沟等处。

图中未标注。

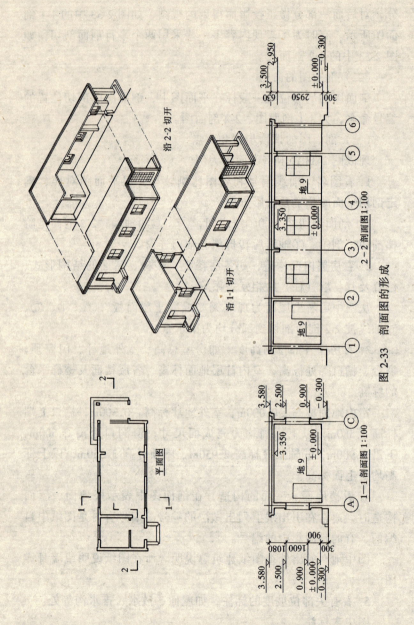

图 2-33 剖面图的形成

6. 查看图中的索引符号。

图中未标注。

（四）局部剖面图

用剖切面局部剖切形体叫局部剖，所得剖面图叫局部剖面图。当仅仅需要表达建筑构件的某局部内部形状时，应采用局部剖。

图 2-34 所示为杯形基础。为了保留较完整的外形，将其水平投影的一角剖开画成局部剖面，以表示基础内部的钢筋配置情况。

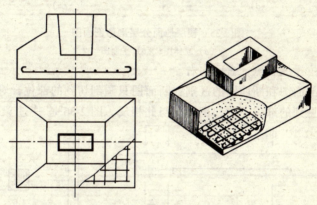

图 2-34　杯形基础局部剖面图

（五）分层剖面图

将形体按层次用波浪线隔开进行剖切，所得剖面图叫分层剖切剖面图。

图 2-35 所示的楼层图，是用分层剖切剖面图来表示地面的构造与各层所用材料及做法。分层剖切剖面，常用来表示多层材料做成的建筑构件。

五、断面图

（一）断面图的形成

假想用一剖切面剖切形体，只画出剖切面切到部分的图形，叫断面图。断面的剖切位置，用剖切线位置表示，投影方向用断面编号的注写位置表示；注写在剖切位置线左侧，表示向左；注写在

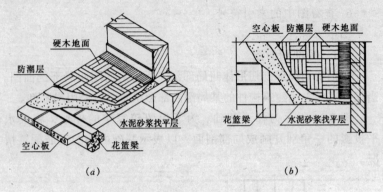

图 2-35 楼层地面分层剖切剖面图
（a）立体图；（b）平面图

剖切位置线右侧,表示向右。

剖面图和断面图的区别：断面图只画剖切到的部位,对于远处能见到的部位不画；剖面图与此相反。图 2-36 是一过梁的图

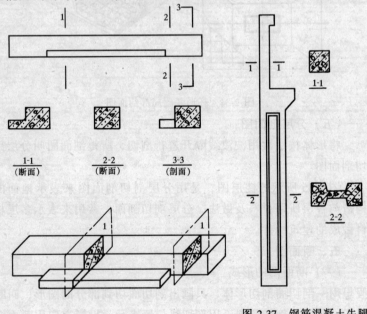

图 2-36 断面图的形成

图 2-37 钢筋混凝土牛腿柱移出断面图

纸，2-2断面图只画剖到部分，3-3剖面图除画剖到部分外，还画了未剖到的翼椽。剖到部分用粗实线表示，并画材料符号；未剖到部分用细实线表示。

（二）断面图的种类

1．移出断面图

画在物体视图的轮廓线以外的断面图被称为移出断面图，如图 2-37 所示。

2．重合断面图

画在投影线以内的断面图。图 2-38 是应用重合断面表示墙壁立面上装饰花纹的凹凸形状。

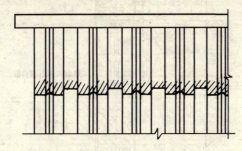

图 2-38 墙壁装饰花纹重合断面图

六、详图

（一）详图的形成和分类

建筑详图是建筑细部的施工图。建筑平、立、剖面图一般采用较小的比例绘制，因而某些建筑构配件（如门、窗、楼梯、阳台及各种装饰等）和某些建筑剖面节点（如檐口、窗台、散水、楼地面等）的详细构造（包括式样、层次、做法、材料、尺寸等）都无法表达清楚。因此就需要大比例的图样，最常见的就是将建筑剖面图放大，于是就出现了屋顶详图、地面详图、楼梯详图及如图 2-39 所示的墙身详图等。对常见的构造节点、建筑配件也常做成图集供选择使用。如华北地区标准化办公室编制的"建筑构造通用图集"88J—31 就是外装修构造图集。只要在设计

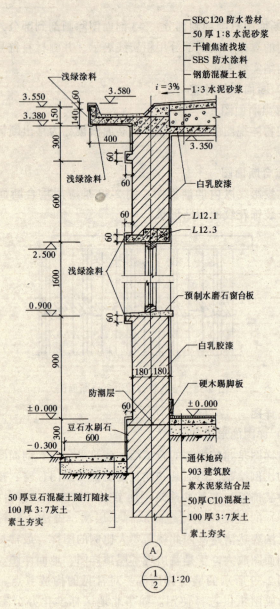

图 2-39 墙身剖面图

图上使用索引符号或在设计说明中说明采用图集的编号、页数、图号就能在图集中查到详图。

（二）墙身详图识读步骤和要点

以图 2-39 警卫室Ⓐ轴墙身图为例。

1. 看图名，查找底层平面图了解是什么位置墙身剖面详图。

查平面图得知为Ⓐ轴墙身剖面图。

2. 看勒脚部分，了解勒脚、散水、防潮层等做法。

豆石水刷石勒脚，高 300mm；豆石混凝土散水宽 600mm；防潮层做法未标注；地砖地面做法详述这就是图 2-33 中的地 9；硬木踢脚板；白乳胶漆墙面。

3. 看窗台剖面部分，了解窗台板做法。

窗台部分砌砖挑出 60mm、高 60mm，预制水磨石窗台板。

4. 看窗顶剖面部分，了解过梁做法、窗做法。

两根预制钢筋混凝土过梁挑出 60mm；单层木窗。

5. 看楼板与墙身连接剖面部分，了解楼层地面构造、楼板与墙的搁置方式等。

图中未标明楼板。

6. 看檐口剖面部分，看屋顶层构造，女儿墙、泛水做法。

屋面板为钢筋混凝土现浇板，厚度、配筋见结构图，屋面板上涂 SBS 防水涂料隔气层；屋面保温层为干铺焦渣，坡度 3%，防水层为 SBC120 聚乙烯丙纶防水卷材。

现浇钢筋混凝土檐口板挑出 400mm。

7. 看图中各部位标高尺寸。

室外地坪 - 0.300m，室内地面 ± 0.000m，窗台 0.900m，窗顶 2.500m，顶棚 3.350m，挑檐板檐口完成面标高 3.380m，挑檐板上端毛面标高 3.550m，完成面标高 3.580m。

（三）节点、构配件详图识读步骤和要点

下面以筒子板为例说明识图步骤和要点，如图 2-40 所示。

1. 从图名可知此图为筒子板节点图。

2. 筒子板各部分饰面如下：

55

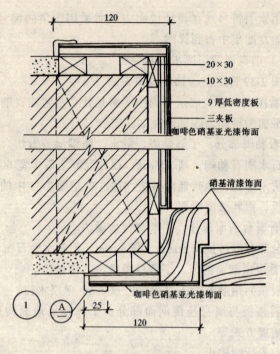

图 2-40 筒子板

门套：咖啡色硝基亚光漆

门框：硝基清漆

门扇：硝基清漆

七、平面图、立面图、剖面图、详图中尺寸和标高标注的规定

（一）建筑平面图中尺寸

总尺寸（建筑物外轮廓尺寸）、细部尺寸（建筑物构配件详细尺寸）均为毛面尺寸，即为非建筑完成面尺寸，也可理解为装饰装修前的尺寸。这时的尺寸一般为结构尺寸，如门窗洞口尺寸、墙体厚度等。

定位尺寸——轴线尺寸，是建筑构配件（如墙体、梁、柱、门窗洞口、管道等）相应于轴线或其他构配件确定位置的尺寸。但应注意墙体的轴线有时并非是墙体的中心线，如有些外墙的中心线内侧墙厚度为120mm，外侧为370mm。

（二）完成面尺寸

建筑平面图、立面图、剖面图、详图中楼地面、地下室地面、阳台、平台、檐口、屋顶、女儿墙、台阶等处的高度尺寸为完成面尺寸，标高为完成面标高，也就是装饰装修完的尺寸及标高。此时结构标高为完成面标高减去装饰装修层厚度。如：钢筋混凝土楼板上有4cm厚的装饰装修层，如完成面标高为3.000m，结构标高则为2.960m，如图2-41所示。常将首层完成面标高定为±0.000，为相对标高起点。如第二层楼面完成面标高为3.000m，则首层的层高就为3.000m。

建筑物其余部分高度尺寸及标高注写毛面尺寸及标高，此时标高即为结构标高。如梁底、板底、门窗洞口标高等。

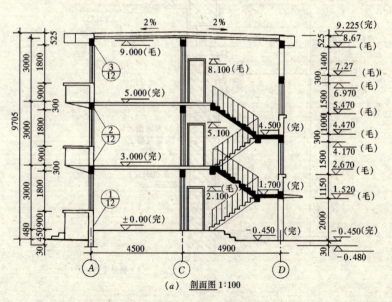

图 2-41 剖面图、详图标高标注法
(a) 剖面图标高标注；

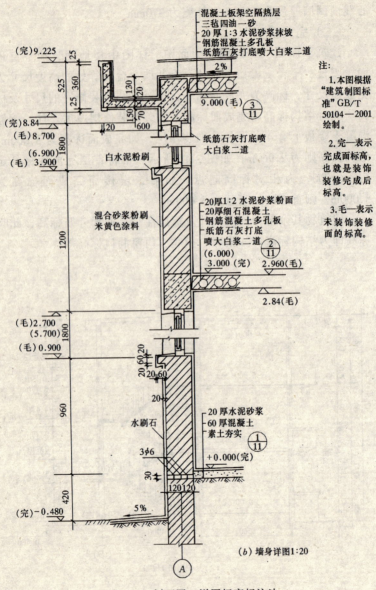

图 2-41 剖面图、详图标高标注法
（b）详图标高标注

第三章 涂裱材料

第一节 涂料知识

一、涂料概述

涂料（含油漆）是指一种涂于物体表面能与其基底材料牢固粘结形成完整而坚韧保护膜的装饰材料的总称。用于建筑物表面作为装饰和保护的这种材料称为建筑装饰涂料。人们习惯将油脂、树脂类物质制成的油性和树脂涂料称为油漆。

涂料（油漆）是一种历史悠久的建筑装饰材料，在我国的建筑发展史上有着辉煌的一页。从文献资料和考古发现，远在春秋战国时期，宫室和庙堂已经使用油漆彩绘，这可以从古辞、赋中见到对它的描述，如"金铺玉户"、"雕梁画栋"等。

我国的古代建筑主要是木结构，而木结构就需要对木材进行防腐蚀处理，于是便出现了油漆。油漆不仅保护了木材，同时可以掺入各种颜色，绘制各种图案。在古代，无论是民居、宫殿、寺庙，从柱梁、门窗、檩条、望板、藻井，无不用油漆进行涂饰或彩绘。这些古老的作品至今依然保留在祖先留下的建筑上，这种古老的工艺也还在民间继续发扬光大。

今天，许多新建工程都以点缀古建筑装饰作为时尚。这种传统的工艺同样受到世界各国人民的青睐。在美国、英国、俄罗斯、日本、加拿大到处都有中国彩绘建筑的存在。

除油漆彩绘以外，保护内外墙面并起到装饰作用的天然涂料也早已广泛使用于民居及宫室。如刷有灰色、白色石灰浆的民居，黄色的庙宇，红色的宫墙。至今，这种古老的工艺仍在一些建筑上使用。

过去所用的墙面涂料称为刷浆。有石灰浆、大白浆、可赛银浆等。由于石灰浆耐久性较差，大白浆遮盖力强，所以大白浆比石灰浆使用普遍。可赛银是以炭酸钙、滑石粉等为填料，以酪素为粘结料掺入颜料混合而成的粉末状材料，所以也称酪素涂料。酪素胶的外文是 Casein，译音为"可赛银"，故名可赛银。由于酪素胶货源短缺，可赛银中的胶料全部或部分被其他胶代替，加上大量高分子胶料和涂料的上市，性能又都比酪素好。所以，一度被认为是较高级的可赛银涂料，已经被高分子涂料所替代。

以往涂料的主要原料是天然油料，故称为油漆。而天然油料的资源比较缺乏。

随着合成高分子化学工业的发展，发达国家涂料的原料逐渐转变为合成树脂。从而大大降低了涂料工业的耗油量。这个变化被称为涂料产品的合成树脂化。其结果，不仅使涂料工业有了广阔的原料来源，而且使涂料产品的各项性能，特别是耐久性有了大幅度的增长。

由于涂料产品大量使用有机溶剂也产生了一些不利因素，诸如污染环境、危害到人体健康、引起火灾等问题。二次世界大战以后，美国为了开辟战时用来制造合成橡胶的丁二烯—苯乙烯胶乳的民用途径，生产了丁—苯乳液胶涂料。乳液型和水溶性涂料的品种与产量迅速增加。这就是涂料产品水性化。

随着涂料工业产品的合成树脂化和水性化的发展，带来了涂料产品的全面换代。就建筑墙面用的涂料产品而言，古老的石灰浆，以油脂为主要成膜物质的油性涂料等在工业先进国家中已被淘汰。

20世纪60年代乳液涂料崛起，许多建筑用的乳液涂料产品相继出现。室内墙面早期用的一般为聚醋酸乙烯乳液涂料，而室外墙面用的则多为内增塑型的醋酸乙烯—顺丁烯二酸二丁酯共聚乳液涂料。各个国家根据本国的资源条件、工艺传统和风格，分别选择了不同的发展方向来提高乳液涂料的耐久性。

由于乳液涂料的耐曝晒性、耐水性不够理想，较低温度下的施工性也还有限制，因此，国外使用乳液涂料的情况是室内装饰的用量大于室外的用量。1974 年美国内用和外用乳液涂料的比例约为 7:3。

按国外的评定标准，一般外用乳液涂料的使用寿命约 4~7 年。近年来，许多国家发展的在乳液涂料中掺入云母粉、粗砂粒等粗填料配制成涂层厚达 1~2mm 的厚质涂料，在装饰效果和性能方面都较同类薄而呈平涂层的乳液涂料有较大的提高，使用寿命可达 10 年或更长，有的可达 15 年。

除了乳液涂料外，某些耐久性很好的溶剂型合成树脂涂料如丙烯酸类涂料、环氧树脂类涂料和聚氨酯类涂料等在国外建筑工程中也有使用。一般说来溶剂型涂料涂膜的硬度、光泽及耐污染性都优于乳液涂料，但施工使用方面的麻烦以及造成环境污染、易燃等不利因素较多，因此远不如乳液涂料使用广泛。

国外作为建筑外墙用涂料还有另外一个侧面，就是以无机材料为粘结料的无机高分子涂料。20 世纪 50 年代，前苏联就有用钾水玻璃溶液作粘结料的配制而成外墙涂料。近年来，日本已研制成功以溶胶为粘结的无机高分子涂料，其性能和装饰效果都有所提高，特别是具有很好的耐污染性能。在日本，这种涂料的价格比一般有机涂料高 1/3，因此使用尚不普遍。

解放前，我国所生产的建筑涂料主要是门窗油漆。至于建筑内外墙面用涂料则大部分都为施工现场调制的一些简单材料——我们常常称为刷浆材料。此外，充其量做一些油漆内墙面及商店门面。

20 世纪 50 年代我国建筑外墙用涂料的发展过程可概述如下：

很早以前就有用现场配制的石灰浆作为建筑外墙的饰面材料。由于原料来源非常广泛，价格又很低，因此虽然在性能和装饰效果方面都较差，却一直沿用至今。20 世纪 60 年代发展了以白水泥加无机辅料配制的避水色浆。20 世纪 70 年代随着高分子聚合物在建筑业逐步得到应用,又发展了以聚乙烯醇缩甲醛涂料(107胶2001年10月1日起已被淘汰)现改为(108、109胶)。聚醋酸乙烯类乳液等与水泥混合形成有机、无机复合聚合物水泥浆。与此同时,上海、天津等地开始探索以溶剂型高分子有机材料配制成的涂料用于建筑外墙。20世纪70年代,作为这方面工作的重要环节之一是大力开展了适合建筑外墙用的乳液涂料的研制与应用,特别是乙—丙乳液厚涂料的研制成功并形成生产能力,为涂料在建筑外墙的应用打开了局面。北京、唐山等地已大面积推广使用,取得了较好的技术经济效果,开始受到多方面的确认。20世纪70年代末开始了无机高分子涂料的研制。

三十年来,我国建筑墙面用涂料的发展步伐不能算快,但从石灰浆、大白浆到乳液涂料的发展,已从施工现场调制发展到了工业化生产,材质和装饰效果,都有大幅度的提高。

随着科学技术的进步以及世界各国对环保要求的呼声越来越高,当前涂料工业已向绿色环保方向转移,而且已取得初步成效,纳米技术也进入涂料领域。高科技绿色环保涂料将占领整个装饰市场,装饰涂料向更高的层次迈进。

建筑涂料用在建筑物上主要有四种作用与功能。

第一、保护功能。建筑涂料涂装在建筑的墙体、建筑结构表面上与基层表面粘结牢固并形成坚韧完整的保护膜,增强了建筑物抵抗各种侵蚀的能力,可以延长建筑物的使用寿命;

第二、装饰功能。建筑物涂饰在建筑上,色泽鲜艳,图案、质感丰富多样,可以满足不同建筑风格的装饰要求,不仅装饰了建筑物还美化了环境;

第三、调节建筑物的使用功能。建筑涂料具有多种功能的特点,可以从多方面改善、调节建筑物的使用功能,给人们创造一个优美、健康、舒适的工作或生活环境;

第四、特种功能。一些具有特种性能的建筑涂料,可以赋予建筑物某一方面的特殊功能,如装饰防火、防霉抗菌并具有耐候、耐粘污性等等。

二、涂料的基础知识

涂料是一种没有固定形态的液体材料,靠它自身的粘结性,并通过助剂的作用,涂敷于物体表面,这种液体物质能够牢固地与物体相结合,并在表面形成薄膜,起到保护被涂物体,美化被涂物体的作用,这种物质称为涂料。用于建筑物体表面的便是建筑装饰涂料。

涂料与其他饰面材料不同,石材、陶瓷、玻璃、夹板等装饰配料均为有固定形态的规格材料,有一定的厚度,对基底材料有遮盖作用。涂料是液体材料,薄薄地涂刷于物体表面可以通过填料起到遮盖基底的作用,但涂膜很薄,清漆类涂料可以起保护基底的作用。但不遮盖基底,具有透明度。所以说,涂料不会增加建筑荷载,只要施工工艺科学、正确,就不会发生涂层与基底脱离的情况。而且色彩鲜艳、质感丰富、翻新方便,故而它是使用最普遍的一种饰面材料。

按涂料中各组分所起的作用,可分为主要成膜物质、次要成膜物质和辅助成膜物质。

(一)主要成膜物质

主要成膜物质是涂料的基础物质,也称胶粘剂或固着剂。它的作用是将其他组分粘结成一整体,并能附着在被涂基层表面形成坚韧的保护膜。胶粘剂应具有较高的化学稳定性,多属于高分子化合物或成膜后能形成高分子化合物的有机物质。前者如天然树脂、人造树脂和合成树脂,后者如某些植物或动物油料。

1.油料。油料是涂料工业中使用最早的成膜材料,是制造油性涂料和油基涂料的主要原料。但并非各种涂料中都要含有油料。

涂料中使用的油主要是植物油。个别的动物油(如鱼油)虽然可以使用,但由于它的性能不好,使用不多。

涂料使用的植物油中,按其能否干结成膜以及成膜的快慢,分为干性油(桐油、梓油、亚麻油、苏子油等);半干性油(豆油、向日葵籽油、棉籽油等);不干性油(蓖麻油、椰子油、花生油等)。干性油涂于物体表面,受到空气的氧化作用和自身的聚合作用,经过一段时间(一周以内)能形成坚硬的油膜,耐水而富于弹性。半干性油干燥时间较长(一周以上),形成的油膜较软而且有发粘现象。不干性油在正常条件下不能自行干燥,它不能直接用于制造涂料。

油能否结膜是由油的分子结构决定的。结膜快慢和油分子中所含双键的数目和双键的结构形成有关。含双键的数目多结膜快,数目少则结膜慢。呈共轭双键结构的(—CH=CH—CH=CH—)比呈隔离双键结构的(—CH=CH—CH$_2$—CH=CH—CH$_2$—结膜快。例如,桐油酸 CH$_3$(CH$_2$)$_3$CH=CH—CH=CH—CH=CH(CH$_2$)$_7$COOH 含有三个共轭双键,次亚麻油酸(亚麻酸) CH$_3$CH$_2$CH=CH—CH$_2$—CH=CH—CH$_2$—CH=CH(CH$_2$)$_7$COOH 含有三个隔离双键,二者所含双键数目虽然相同,但桐油酸结膜快。

2. 树脂。单用油料虽可以制成涂料,但这种涂料形成的涂膜,在硬底、光泽、耐水、耐酸碱等方面性能往往不能满足近代科学技术的要求。如各种建筑物长期暴露于大气中而不受破坏等等。这些都是油性涂料所不能胜任的,因而要求采用性能优异的树脂作为涂料的主要成膜物质。

涂料用的树脂有天然树脂、人造树脂和合成树脂三类。天然树脂如松香、虫胶、沥青;人造树脂系由天然有机高分子化合物经加工而制得的,如松香油酯(酯胶)、硝化纤维;合成树脂系由单体经聚合或缩聚而制得的,如聚氯乙烯树脂、环氧树脂、酚醛树脂、醇酸树脂、丙烯树脂等。利用合成树脂制得的涂料性能优异,涂膜光泽好,是现代涂料工业生产量最大、品种最多、应用最广泛的涂料。

由于每种树脂各具特性,为了满足多方面的要求,往往在一种涂料中要采用几种树脂或树脂与油料混合使用,因此要求应用于涂料中的树脂之间或树脂与油料之间要有很好的混溶性。另外,为了满足施工需要的粘度,还要求树脂能在溶剂中具有良好的溶解性。

（二）次要成膜物质

次要成膜物质是涂料中的各种颜料也是构成涂膜的组成部分。但它不能离开主要成膜物质单独构成涂膜。在涂料中加入颜料，不仅使涂膜性能得到改进，并使涂料品种有所增多。

颜料是一种不溶于水、溶剂和漆基的粉状物质，但能扩散于介质中形成均匀的悬浮体。颜料在涂膜中不仅能遮盖被涂面和赋予涂膜以绚丽多彩的外观，而且还可以增加涂膜的机械强度，阻止紫外线穿透，提高涂膜的耐久性和抵抗大气的老化作用。有些特殊颜料还可使涂膜具有抑制金属腐蚀、耐高温等特殊作用。

颜料的品种很多，按它们的化学组成可分为有机颜料和无机颜料两类；按它们的来源可分为天然颜料和人造颜料两类；按它们所起主要作用的不同，分为着色颜料、防锈颜料、体质颜料三类。

着色颜料的主要作用是赋予涂膜一定的颜色和遮盖能力，是颜料中品种最多的一类。着色颜料按它们在涂料使用时所显示的色彩可分为红、黄、蓝、白、黑、金属光泽等类。防锈颜料的主要作用是防止金属锈蚀，品种有：红丹、锌铬黄、氧化铁红、偏硼酸钡、铝粉等。体质颜料又称填充颜料。它们在涂料中的遮盖力很低，不能阻止光线透过涂膜，也不能给涂料以美丽的色彩，但它们能增加漆膜厚度，加强漆膜体质，提高涂膜耐磨性，因而称之为体质颜料。

主要品种有：硫酸钡、碳酸钡、碳酸钙、滑石粉。

（三）辅助成膜物质

辅助成膜物质不能构成涂膜或不是构成涂膜的主体，但对涂料的成膜过程（施工过程）有很大影响，或对涂膜的性能起一些辅助作用。主要包括溶剂和辅助材料两大类。

1.溶剂。属能挥发的液体具有溶解成膜物质的能力，又可降低涂料的粘度达到施工要求。在涂料中溶剂常占有很大比重。溶剂在涂膜形成过程中，逐渐挥发并不存在于涂膜中，但它能影响涂膜的形成质量和涂料的成本。

常用的溶剂有：对一些水溶性建筑涂料来说，水是一种量广、价廉、无毒无味、不燃的溶剂；对于溶剂型建筑涂料所用的溶剂有：以烷烃为主的脂肪烃混合物、芳香族烃类、醇类、酯类、酮类、氯化烃等。

溶剂的主要性质如下：

(1) 溶解能力

溶剂的溶解能力系指溶剂对涂料中基料的溶解能力，以溶解速度、粘度和稀释比值来表示。在选择溶剂时，现代常引用溶解参数的概念来判断溶剂对树脂的溶解能力。溶剂的溶解度参数 (δ) 可按溶剂的氢键大小分成三个等级，即强氢键溶解度参数 (δ_s)、中氢键溶解度参数 (δ_m) 和弱氢键溶解度参数 (δ_p)。醇类溶剂属于强氢键等级，酮类、醚类和脂类溶剂属于中氢键等级，烃类溶剂则属于弱氢键等级。

常用各类溶剂的溶解度参数见表 3-1。

各类溶剂的溶解度参数　　　　　表 3-1

溶剂的类型	溶解度参数			溶剂的类型	溶解度参数		
	强氢键 δ_s	中氢键 δ_m	弱氢键 δ_p		强氢键 δ_s	中氢键 δ_m	弱氢键 δ_p
醇类	11～13	—	—	酯类	—	8～9	—
酮类	—	8～10	—	脂肪烃类	—	—	7～8
醚类	—	9～10	—	芳香烃类	—	—	8～9

利用溶解度参数选择基料树脂的溶剂方法，就是看树脂和溶剂在相同的氢键等级内的溶解度参数大小是否基本相符。例如，环氧树脂为中氢键，溶解度参数为 $\delta_m = 8～13$。从表中可以看出，它只能溶解于酮类、醚类和酯类溶剂中，而不能溶解于醇类和烃类溶剂中，因为环氧树脂的强氢键 δ_s 和弱氢键 δ_p 都是 0。

常用树脂的溶解度参数见表 3-2。

树脂的溶解度参数　　　　　　　表 3-2

树脂类型	溶解度参数			树脂类型	溶解度参数		
	强氢键 δ_s	中氢键 δ_m	弱氢键 δ_p		强氢键 δ_s	中氢键 δ_m	弱氢键 δ_p
醇酸树脂				环氧树脂			
短油度	9~11	7~12	8~11	环氧当量为 400~500	0	8~13	10~11
中油度	9~11	7~12	7~11	800~900	0	8~13	0
长油度	9~11	7~10	7~11	1700~2000	0	8~13	0
乙烯类树脂				2000~4000	0	8~10	0
聚乙烯	0	9~10	10~11	干性油环氧脂	0	7~10	8~11
氯乙烯-醋酸乙烯	0	7~14	9~11	其他树脂	0	8~13	8~13
氯乙烯-醋酸乙烯二元共聚物	0	7~12	10~11	聚甲基丙烯酸钾酯	0	8~12	8~11
				聚氨基甲酸酯	9~11	7~12	8~11
聚乙烯醇缩丁醛	9~15	9~11	0	氯化橡胶	0	7~11	8~11

利用溶解度参数可以判断出涂料的耐溶剂性或估计出两种或两种以上树脂的互相混溶性。如果涂料所用的基料树脂的氢键分级和溶解度参数大小与某一种溶剂的相应溶解度参数值相差较大，这种涂料就有较好的耐该溶剂的性能。如果这几种树脂的溶解度参数（或其溶解度参数值范围的中间平均值）之间相差不大于1，就表明这几种树脂能互相混溶。

（2）溶剂的挥发率

溶剂的挥发率大小，直接影响涂膜的质量，挥发率太大，则涂膜干燥快，影响涂膜的流平性和光泽，表面会产生橘皮状泛白现象；反之，挥发率太小，涂膜干燥慢，不但影响施工进度，而且在涂膜干燥前易被雨水冲掉或粘污。

在涂料工业中，挥发率的表示方法有两种：第一种是乙醚的挥发速度为1，其他溶剂的挥发速度与乙醚的挥发速度之比即为该溶剂的挥发率。第二种方法是以一定时间内醋酸丁酯挥发的重量为100，用其他溶剂在相同时间内所挥发的重量之比来表示其挥发率。用第一种方法（乙醚法）法，数值愈大，挥发得愈慢；而第二种方法则数值愈大，挥发得愈快。

常用溶剂的挥发率见表3-3。

常用溶剂的挥发率　　　　　　　　表3-3

溶剂	乙醚法挥发率	醋酸丁酯法挥发率	沸程（℃）	溶剂	乙醚法挥发率	醋酸丁酯法挥发率	沸程（℃）
乙醚	1.0		34~35	醋酸丁酯	11.0	100	126~127
丙酮	2.1	720	55~56	异丙叉丙酮	—	94	123~132
醋酸甲酯	2.2	1040	56~62	二甲苯	13.5	68	135~145
醋酸乙酯	2.9	525	76~77	异丁醇	24.0	68	104~107
纯苯	3.0	500	79~81	正丁醇	33.0	45	114~118
醋酸异丙酯	4.2	435	84~93	溶纤剂	43.0	40	126~138
甲苯	6.1	195	109~111	醋酸溶纤剂	52.0	24	149~160
乙醇	8.3	203	77~79	环己酮	40	25	155~157
异丙醇	10.0	205	80~82	乳酸乙酯	80	22	155
甲基异丁基酮	9.0	165	114~117	二丙酮醇	147	15	150~165

(3) 溶剂的闪点及着火点

溶剂的闪点是溶剂表面上的蒸气和空气的混合气体与火接触后初次发生蓝色火焰的闪光时的温度。

着火点则是溶剂表面上的蒸气与空气的混合气体与火接触发生火焰能开始继续燃烧不少于5s时的温度。

溶剂的闪点和着火点都是溶剂可燃性能的指标，表明其着火及爆炸的可能性大小。一般认为闪点在25℃以下的溶剂即为易燃品。

常用溶剂的闪点及着火点见表3-4。

常用溶剂的闪点及着火点　　　　　表3-4

溶剂	闪点（℃）	着火点（℃）	溶剂	闪点（℃）	着火点（℃）
丙酮	-20	53.6	异丁醇	38	42.6
丁醇	46	34.3	异丙醇	21	45.5
醋酸丁酯	33	42.1	甲醇	18	46.9
乙醇	16	42.6	松香水		24.6
甲乙酮	-4	51.4	甲苯	5	55.0

（4）爆炸极限

溶剂表面上蒸发的气体与空气的混合气体产生爆炸的浓度范围即爆炸极限。空气中含有溶剂的蒸气时，在一定浓度范围内，遇到明火即会发生爆炸，其最低浓度称为爆炸下限，最高浓度称为爆炸上限。

爆炸极限用混合气体的百分比表示，如丙酮的爆炸极限为 2.55% ~ 12.8%；丁醇的爆炸极限为 3.7% ~ 10.2%；乙醇的爆炸极限为 3.5% ~ 18.0%；甲苯的爆炸极限为 1.2% ~ 7%。

（5）毒性

有些溶剂的蒸气吸入后能伤害人体，如氯代烃类的蒸气有麻醉作用，苯蒸气能破坏血球等。工业上使用溶剂时，溶剂在空气中最大的容许量国家都有规定。一般来说，松香水、松节油无任何毒性。

（6）溶剂种类

1）石油溶剂：主要是链状的碳氢化合物，是由石油分馏而得。在涂料中常用的为 150 ~ 200℃ 馏出物，成分为 C_5H_{12}-C_6H_{14}，比重 0.635 ~ 0.666，俗称松香水。它的最大优点是无毒，溶解能力属中等，可与很多有机溶剂互溶，可溶解油类和粘度不太高的聚合油。价格低廉，在涂料工业中用量很大。

2）煤焦溶剂：由煤焦油蒸馏而得。包括苯、甲苯、二甲苯等，多属芳香烃类。芳香烃类溶剂溶解力虽然大于烷烃溶剂，能溶解很多树脂，但对人体毒性较大，因此使用时要慎重。常用的是二甲苯和甲苯，溶解能力强，挥发速度适当。

3）萜烃溶剂：它们绝大部分取自松树的分泌物如松节油。萜烃溶剂主要是油基涂料的溶剂，多年来松节油是涂料的标准稀料，自从醇酸树脂及其他合成树脂问世以来已经逐步被其他溶剂取代。此外尚有酯类、醇类、酮类等溶剂。

2. 辅助材料。有了成膜物质、颜料和溶剂就构成了涂料，但一般为了改善性能，常使用一些辅助材料。涂料中所使用的辅助材料种类很多，各具特点，但用量很少，一般是百分之几到千分之几,甚至十万分之几但作用显著。根据辅助材料的功能可分为催干剂、增塑剂、润湿剂、悬浮剂、紫外光吸收剂、稳定剂等。目前以催干剂、增塑剂使用数量较多。

(1) 催干剂又称干燥剂。室温中使用能加速漆膜的干燥,如亚麻油不加催干剂约需 4~5d 才能干燥成膜,且干后膜状不好,加入催化剂后可在 12h 之内干结成膜,且干后涂膜质量好,所以催干剂还具有提高涂膜质量的作用。很多金属氧化物和金属盐类都可用作催干剂,按催干效果的大小排列为;钴>锰>铅>铈>铬>铁>铜>镍>锌>钙>铝。但有实际价值的是钴、锰、铅、锌、钙等五种金属的氧化物、盐类和它们的各种有机酸皂(现有涂料工业以采用环烷酸金属皂为主),我国使用最多的是铅锰的干燥剂。

仅用一种催干剂效果不及同时采用多种催干剂。催干剂的使用量各有一定的限度,超过限度反而要延长干燥时间和加速涂膜的老化,尤以锰干燥剂影响最大。

催干剂的催干机理,主要是将催干剂加入干怀油中后,能促进油的氧化和聚合反应。催干剂的第一种作用就是促进油的氧化,而且本身还直接参与氧化反应,催干剂中金属氧化物被还原成低价,而将油中抗氧化物质氧化,或与抗氧化物质结合生成沉淀。催干剂的第二种作用是促进油料的聚合,加速过氧化物的分解,产生游离基,从而发生游离基的链锁聚合反应,使油的小分子迅速变成大分子。催干剂的第三种作用是吸收空气中的氧,形成新的氧化物,再与油的双键结合,将氧分子给油分子。这样,催干剂就成为油结膜时氧的输送者,减少了油膜吸氧的困难。这三种作用大大缩短了油膜的干燥时间。

(2) 增塑剂。主要用于无油的涂料中,因克服涂膜硬、脆的缺点,在涂料中能填充到树脂结构的空隙中使涂膜塑性增加。一般要求增塑剂无色、无臭、无毒、不燃和化学稳定性高、挥发性小,不致因外部因素作用而析出或挥发。涂料使用的增塑剂主要品种有:不干性油、有机化合物(如邻苯二甲酸的酯类)及高分子化合物（如聚氨酯树脂）等。

建筑涂料组成见表3-5。

建筑涂料的组成（不含油漆）　　　　　　表3-5

组成		常用原料举例	组分作用
基料	水溶性树脂类、合成树脂乳液类	聚乙烯醇、聚乙烯醇缩甲醛等丙烯酸酯乳液、苯丙乳液、乙丙乳液、紫偏乳液、聚醋酸乙烯乳液等	涂料成膜物质（胶粘料），将涂料各组分粘结成一整体并附着在基层表面形成坚韧完整的涂膜，具有化学稳定性和一定的机械强度
	无机硅酸盐类 有机无机复合类	硅酸钠、硅酸钾、硅酸胶等 硅溶胶-苯丙乳液、硅溶胶-乙丙乳液、硅溶胶-环氧、聚乙烯醇-水玻璃	
颜料	无机类颜料	钛白粉、氧化锌（ZnO）、锌钡（ZnS·BaSO$_4$）、氧化铁红、铁黄、氧化铬绿	着色颜料，使涂膜具有遮盖力和色彩，增强涂膜防护能力，具有耐候性、耐久性
	有机类颜料	甲苯胺红、酞菁蓝、酞菁绿、耐晒黄等	
填料		滑石粉（3MgO·4SiO$_2$·H$_2$O）、轻质碳酸钙 CaCO$_3$ 重晶石粉（沉淀 BaSO$_4$）、石英粉、云母粉等	体质颜料，起填充和骨架作用，加强涂膜体质、密实度、机械强度和耐磨、耐久性
助剂	成膜助剂 消泡剂 湿润分散剂 增稠剂 防霉、防腐剂 pH 值调节剂	乙二醇、丙二醇、己三醇、一缩乙二醇、乙二醇乙醚、乙二醇丁醚醋酸酯、Tenanol 酯醇等 磷酸三丁酯、有机硅乳液、松香醇、辛醇、SPAE02 等三聚磷酸钾、六偏磷酸钠、焦磷酸钠、烷基苯磺酸钠、NND、OP-10 等 聚乙烯醇、聚甲基丙烯酸盐、羧甲基纤维素等 苯甲酸钠、多菌灵、福美双等 氢氧化钠、氨水、碳酸氢钠等	助剂种类多，各具不同特性，起不同作用，用量很少，作用显著。正确使用，能对涂料性能产生重要影响，起改进、提高涂料性能的作用
分散介质（溶剂、稀释剂）		水、松节油、松香水、酒精、汽油、苯、丙酮、乙醚等	分散、溶解、稀释

三、涂料的分类

（一）建筑涂料的分类

我国建筑涂料习惯上用三种方法进行分类：按照涂料采用基料的种类分为：有机涂料、无机涂料和有机无机复合涂料；从涂料成膜后的厚度和质地上可分为平面涂料（深层表面平整光滑）、彩砂涂料（深层表面呈砂粒状）、复层涂料（也称浮膜涂料）；从在建筑上的使用部位可分为外墙涂料、内墙涂料、顶棚涂料和地面涂料等。

（二）建筑涂料的选用原则

建筑涂料品种繁多，而建筑物的建筑模式、建筑风格、装饰档次及要求等各异，涂饰时的环境条件也是千差万别，如何正确选用建筑涂料，建议从以下几个方面进行综合考虑。

1. 环境安全原则。建筑涂料直接关系到人类的健康和生存环境，选材时首先应根据使用部位、环境，选用无毒、无害的水性类或乳液型、溶剂型、中低 VOC 环保型和低毒型涂料。涂料中的有害物质的含量必须完全低于国家标准的限量。

2. 质量功能的优良原则。我国目前的建筑涂料产品标准（国标与行标）和检验标准，基本上覆盖了目前市场上的各类常用建筑涂料产品，可使设计施工选用"有章可循"。但是国家标准是最低要求的指标，因此，在设计、施工中选用时，还应考虑符合地方标准，同时应该按照不同档次建筑装饰及使用者要求，选用性能、品质优良，功能完全、材料产品、使用技术配套的品牌，以保证满足工程、设计和房屋使用者的最大需求，有利于提高工程质量与装饰效果。

3. 环境条例原则。根据建筑物实地施工环境，被涂饰的部位、基层材质、表面状况等具体条件，考虑实现施工的可能性。选用具有最适合施工性能、涂饰方法的产品，并确定其最佳的涂饰工序与工法。

4. 技术经济效益原则。考虑装饰工程投资预算的可能性，按照产品品质，同类产品在市场中技术质量先进性、价格合理性选用质价比最佳的品牌。

建筑涂料分类、主要品种及适用范围见表3-6。

建筑涂料分类、主要品种及其适用范围　　　表3-6

建筑涂料种类			室外屋面	室外墙面	室外地面	室内墙面	室内顶棚	室内地面	厂房内墙面	厂房内地面
有机涂料	水溶性	聚乙烯醇类建筑涂料		×		○	○		○	
		耐擦洗仿瓷涂料				○	○		○	
	乳液型	聚酯酸、乙烯乳液涂料		×		○	○		○	
		丙烯酸脂乳液涂料	○	√		○	○	○	○	
		苯乙烯-丙烯酸酯共聚乳液（苯丙）涂料	○	√		○	○		○	
		醋酸乙烯-丙烯酸酯共聚乳液（乙丙）涂料				○	√		○	
		醋酸乙烯-乙烯共聚乳液（VAE）涂料				√	○		○	
		氧乙烯-偏氯乙烯共聚乳液（氯偏）涂料				○			○	
		环氧树脂乳液涂料		√					√	
		硅橡胶乳液涂料		√						
	溶剂型	丙烯酸酯丙烯类溶剂型涂料		√					√	
		聚氨酯丙烯酸酯复合型涂料		√					○	
		聚酯丙烯酸酯复合型涂料		√					○	
		有机硅丙烯酸酯复合型涂料		√					√	
		聚氨酯类溶剂型涂料	√	√	√			√	○	√
		聚氨酯环氧树脂复合型涂料						√	○	
		过氯乙烯溶剂型涂料		√					○	√
		氯化橡胶建筑涂料								√
无机涂料	水溶性	无机硅酸盐（水玻璃）类涂料		○		○	○		×	
		硅溶胶类建筑涂料		○		○	○		○	
		聚合物水泥类涂料		○	○					
		粉刷石膏抹面材料				○				
有机-无机复合涂料		（丙烯酸酯乳液＋硅溶胶）复合涂料		√						
		（苯丙乳液＋硅溶胶）复合涂料		√						
		（丙烯酸乳液＋环氧树脂乳液＋硅溶胶）复合涂料								

注：√—优选型；○—可以选用，×—不能选用。

(三) 建筑油漆的组成、分类及常用品种

建筑油漆的组成

建筑油漆由主要成膜物质、次要成膜物质和辅助成膜物质三部分组成，见表 3-7。

油漆的分类和各类油漆使用的主要成膜物质见表 3-8。

常用建筑油漆的类别、品种、特性及用途见表 3-9。

建筑油漆的组成、分类及常用原料品种　　　表 3-7

油漆组分			常用原料品种	组 分 作 用
主要成膜物质	油脂	植物油脂	桐油、亚麻籽油、梓油、巴西果油等	制造油性漆和油基漆的主要成膜物质，干固成膜，粘附在基层表面，具有光泽和一定弹性
		动物油脂	鲨鱼肝油、猪油、牛油、羊油等	
	树脂	天然树脂	松香、虫胶等	将油漆中各成分粘结在一起，附着在被涂刷基层表面形成完整坚韧保护膜，具有稳定的耐水、耐化学腐蚀性，颜色均匀，有光泽
		人造树脂	松香甘油脂、硝化纤维等	
		合成树脂	醇酸树脂、乙烯基树脂、双组分环氧树脂、酚醛树脂、橡胶树脂、湿固化型聚氨酯等	
次要成膜物质	有机、无机颜料	着色颜色	铁黄、槐黄、铁红、氧化铁红、氧化铁黄、氧化铁黑、炭黑、酞菁蓝、钛白、铬绿、锌绿等	扩散于漆料中形成均匀的悬浮体，使涂膜具有颜色和遮盖力，美化外观，增加涂膜硬度、实密性、提高机械强度、耐久性、耐候性、附着力、流动性、防腐蚀等
		防锈颜料	红丹、锌铬黄、石墨、锌粉、铝粉、碱性碳酸铅	
		体质颜料	重晶石粉、白垩、滑石粉、云母粉、石英粉、碳酸钙、磁土、硅藻土	

续表

油漆组分		常用原料品种	组分作用
辅助成膜物质	溶剂	萜烯溶剂：松节油、松油、樟脑油 石油溶剂：石油醚、汽油、松香水 煤焦溶剂：苯、甲苯、二甲苯、萘溶剂 酯类：乙酸乙酯、乙酸丁酯 酮类：丙酮、环己酮；醇类：乙醇、丁醇 氯化苯类：乙醚乙二醇、乙醚、乙醚乙二醇 硝基烷类等	溶解油酯、树酯等成膜物质，干燥过程中从涂膜中挥发掉。降低涂料粘度，便于施工，加强涂料稳定性，改善涂膜流平性，提高光泽和致密性
	助剂	增塑剂：蓖麻油、苯二甲酸二辛酯、磷酸三丁酯、氯化石蜡等	种类很多，用途各异，用量一般很少，对涂膜的质量改善提高及油漆施工性能、储存性有明显作用
		催干剂：钴、锰、铅、铁、锌、钙六种催干剂	
		防潮剂（防白剂）：硝基漆防潮剂、过氯乙烯防潮剂	
		稀释剂：汽油、松节油、二甲苯、丙酮、醋酸丁脂、甲苯、丁醇、环己酮、乙醇等	
		固化剂：环氧固化剂（650聚酰胺固化剂）环氯漆固化剂	

油漆的分类和各类油漆使用的主要成膜物质　　表3-8

代号	类别	主要成膜物质
Y	油脂漆类	天然动、植物油、清油（熟油）、合成油
T	天然树脂漆类	松香及其衍生物、虫胶、乳酪素、动物胶、大漆及其衍生物
F	酚醛树脂漆类	改性酚醛树脂、纯酚醛树脂
L	沥青漆类	天然沥青、石油沥青、煤焦沥青
C	醇酸树脂漆类	甘油醇酸树脂、季戊醇醇酸树脂、其他改性醇酸树脂

续表

代号	类别	主要成膜物质
A	氨基树脂漆类	脲醛树脂、三聚氰胺甲醛树脂、聚酯酰亚胺树脂
Q	硝基漆类	硝酸纤维素脂
M	纤维素漆类	乙基纤维、苄基纤维、羧甲基纤维、醋酸纤维、其他纤维及醚类
G	过氯乙烯漆类	过氯乙烯树脂
X	乙烯漆类	氯乙烯共聚树脂、聚醋酸乙烯及其共聚物，聚乙烯醇缩醛树脂、聚二乙烯乙炔树脂、含氟树脂
B	丙烯酸漆类	丙烯酸酯树脂、丙烯酸共聚物及其改性树脂
Z	聚酯漆类	饱和聚酯树脂、不饱和聚酯树脂
H	环氧树脂漆类	环氧树脂、改性环氧树脂
S	聚氨酯漆类	聚氨基甲酸酯
W	元素有机漆类	有机硅、有机钛、有机铝等元素有机聚合物
J	橡胶漆类	天然橡胶及其衍生物、合成橡胶及其衍生物
E	其他漆类	未包括以上所列的其他成膜物质
	辅助材料	稀释剂、防潮剂、催干剂、脱漆剂、固化剂

常用建筑油漆的类别、品种、特性及用途　　　表3-9

类别	油漆品种名称	执行标准	基本特性、适用范围
油脂漆	清油（熟油或鱼油） Y00—1 聚合清油 Y00—2 各色原漆 Y02 Y03—油性调和漆 Y53—防锈漆		由以天然植物油、动物油等为主要成膜物质的一种油性漆，依空气中的氧化作用结膜干燥，干燥速度慢，不耐酸碱和有机溶剂，涂膜较软，耐磨性差，是一种较古老又最基本的传统油漆，不能扩磨抛光，易被基层碱性物质皂化脱落，与合成树脂油漆相比有很多不足，不能满足现代装饰装修的需要，加之耗用植物油，将逐步被合成树脂漆所代替。可做门窗细木饰体涂饰，价格低廉，施工方便

续表

类别	油漆品种名称	执行标准	基本特性、适用范围
天然树脂漆	T01—酯胶清漆 T01—虫胶清漆 T03—各色酯胶调和漆 T03—各色钙酯胶调和漆 T04—钙脂地板清漆 T04—红丹酯胶防锈漆 T04—锌灰酯胶防锈漆 T09—广漆 T09—油基大漆		系以天然树脂为主要成膜物质的一种普通油漆，属干性油漆。由干性油与天然树脂经热炼后制成。干燥性和涂膜硬度比油性漆强，涂膜干滑均匀，有一定耐水性。但由于天然树脂来源较困难，炼制工艺也较复杂，性能不全面，所以这类油漆使用已较少了。只宜作一般普通室内门窗、细木饰件的涂饰
酚醛树脂漆	F01—1 酚醛清漆 F03—1 各色酚醛调和漆 F04—1 各色酚醛磁漆 F04—89 各色酚醛无光磁漆 F04—60 各色酚醛本光磁漆 F53—31 红丹酚醛防锈漆 F53—32 灰酚醛防锈漆 F53—33 铁红酚醛防锈漆 F53—40 云铁酚醛防锈漆	HG/T 2238—91 ZBG51020—87 ZBG51021—87 ZBG51022—87 ZBG51090—87 ZBG51027—87 ZBG51028—87 ZBG51104—87	以酚醛树脂或改性酚醛树脂为主要成膜物质（建筑油漆大多用后者）加入有机溶剂等物质制成。具有干燥较快、附着力好、涂膜较硬、耐水、耐化学腐蚀性较好，有一定绝缘能力，但漆膜较脆，色易变深，耐大气差，易粉化不宜做白漆。用途较广，一般建筑物室内外门窗、地板木质面及金属面层都可使用涂饰
醇酸树脂漆	C01—醇酸清漆（长油度） C01—醇酸清漆（中度油） C03—各色醇酸调和漆 C04—各色醇酸磁漆 C03—各色醇酸调和漆 C04—83 各色醇酸无光磁漆 C04—64 各色醇酸本光磁漆 C07—5 各色醇酸腻子 C06—铁红醇酸底漆 C54—31 红丹醇酸防锈漆	HG/T2453—93 HG/T2455—93 HG2576—94 ZBG51106—88 ZBG51037—87 ZBG51038—87 ZBG51040—87	由多元醇、多元酸与脂肪酸缩合而成的醇酸树脂为主要成膜物质制成的油漆。具有成膜光、附着力好、光泽持久、不易老化、耐候性好，抗矿物油及醇类溶剂性好的优点，但耐碱、耐水性不理想。不宜用在新抹灰、水泥、砖石等碱性基层面上。可刷涂、喷涂，施工方便。适用于涂饰一般室内外木质、金属饰体使用

续表

类别	油漆品种名称	执行标准	基本特性、适用范围
硝基漆	Q01—1 硝基清漆（腊克） Q022—1 硝基木器清漆 Q04—2 各色硝基外用磁漆 Q04—3 各色硝基内用磁漆 Q04—4 各色硝基底漆 Q04—62 各色硝基本光磁漆 Q14—31 各色硝基透明漆 Q07—5 各色硝基腻子	HB/T2593—94 ZBG51057—87	以硝基纤维素加合成树脂、增塑剂、有机溶剂等配制而成。具有干燥迅速，涂膜坚硬、耐磨性好、平整光亮装饰性好，有一定耐化学腐蚀性、防霉性好等优点。但油漆因含量较低，遮盖力较差对基层处理要求严格。施工时溶剂挥发量大，污染环境，危害人员健康，又是一种易燃液体，需注意防火和施工卫生防护措施。常用作高级建筑涂饰，但不宜在软木或未经干燥处理的木材表面上涂饰
过氯乙烯树脂漆	G01—7 过氯乙烯清漆 G52—2 过氯乙烯防腐清漆 G04—16 各色过氯乙烯磁漆 G04—2 各色过氯乙烯磁漆 G52—31 各色过氯乙烯防腐漆 G52—2 过氯乙烯防腐漆 G07—3 各色过氯乙烯腻子 G06—4 各色过氯乙烯底漆	ZBG51061—87 ZBG51068—87 ZBG51066—87	由过氯乙烯树脂、增塑剂、酯、酮、苯混合溶剂调制而成。漆膜干燥快，在常温2h即达到表面干燥，可采用多种涂饰方法，施工方便，耐候性、耐油性、耐酸碱性、耐酒精等耐化学性较好。同时，耐水、抗霉菌，可在湿热地区用作三防油漆。耐寒性好，在寒冷地区能保持其机械性能，不易变脆开裂。但附着力差，必须同配套的腻子、底漆配合使用。耐热性差，宜在60℃以下部位使用。硬度低，不宜打磨抛光。涂膜干透慢。适宜于普通区域室内外金属、木质面涂饰及耐酸碱要求的建筑、设备、管道涂饰

续表

类别	油漆品种名称	执行标准	基本特性、适用范围
乙烯树脂漆	X03—1 各色多烯调和漆 X03—2 各色多烯无兴调和漆 X08—1 各色乙酸乙烯乳胶漆 X01—9 多烯清漆 X04—7 各色多烯磁漆		以乙烯树脂及其改性聚合树脂为主要成膜物质制成。涂膜坚韧、耐水、耐化学腐蚀性好，干燥快，涂膜色彩鲜艳。适用于建筑物内外墙水泥、抹灰及木质、砖石、金属面的保护装饰，是目前广泛使用的重要油漆之一
丙烯酸树脂漆	B22—1 丙烯酸木器漆 B22—5 丙烯酸木器漆 B22—3 丙烯酸木器漆 B86—1 丙烯酸路线漆 B60—70 丙烯酸防火漆 B04—52 丙烯酸烘干磁漆 丙烯酸清漆 丙烯酸文物保护漆	丙烯酸路线漆	以甲基丙烯酸酯与丙烯酸酯的共聚树脂为主要成膜物质制成，分热塑性和热固性两大类，有溶剂型、水溶型、乳胶型三个品种。具有良好的耐候性、耐久性、颜色稳定、保光、保色装饰性好，并且色泽较浅，可制成水白色清漆及纯白色的磁漆，加入铜粉、铝粉可制成有金属光泽油漆。耐化学性、耐一般酸、碱、醇和油脂的侵蚀。耐湿热、盐、雾、霉菌性较好。可制成各种专用油漆，用途广泛，用于各类基层面的高级装饰
聚氨酯漆	S01—5 聚氨酯清漆（分装） S01—4 聚氨酯清漆 S01—3 聚氨酯清漆（分装） S01—13 聚醚聚氨酯清漆（分装） 各色聚氨酯磁漆（双组分） 湿固化型聚氨酯漆	HG2454—93 GB/T 2240—91 ZBG51107—88	以聚氨基甲酸酯树脂为主要成膜物质的油漆。其贮存稳定性好，漆膜干燥快、坚硬而耐磨、耐碱、耐油、耐化学腐蚀性好，耐水、耐溶剂性好。但流平性、户外保光性稍差，易粉化、变黄、生产成本高。适用于室内木材、水泥表面的涂饰及作防腐漆用

续表

类别	油漆品种名称	执行标准	基本特性、适用范围
沥青漆	L01—6 沥青清漆 L50—1 沥青耐酸漆 L24—2 沥青铝粉磁漆		以沥青为主要成膜物质的油漆。耐化学性好,有独特的防水和防腐性能。原材料价廉、施工方便,在建筑上仍占有一定位置。可作为室内外各类基层面的防护防腐漆
有机硅树脂漆	W61—1 铝色有机硅耐热漆 W61—24 草绿色有机硅耐热漆 500号—800号有机硅耐高温漆	ZBG51079—87	由有机硅树脂及其他树脂改性的改性有机硅树脂为主要成膜物质制得。具有耐高温和耐低温的特性,耐化学性、耐水性和防霉性较好。可配制成具有各种特性的专业用途漆,如耐高温漆、防水漆等
环氧树脂漆	H04—1、H04—9 各色环氧磁漆 H06—2、H06—4、H06—19 H53—1 各种环氧树脂底漆 H07—5 各色环氧树脂腻子		以环氧树脂为主要成份,加入其他树脂进行交联或改性而制得。具有极强的附着力,强度高,耐磨,有良好的柔韧性和挠曲性,耐化学性好,对水、油、酸、碱、有机溶剂等有较好抵抗性,还有一定绝缘性。缺点是流平性差,其底漆、腻子固化后坚硬不易打磨,涂装不易做得平整光滑,不宜作高级装饰用。主要适用于要求高度洁净、防腐、防水、防化学腐蚀、耐磨损的墙面和地面涂饰以及须抗潮湿、抗腐蚀的混凝土及金属的管道、贮槽、容罐等的内外表面防护

　　涂料是化学物质中的一个分支,它符合化学物质所具有的各种规律,决定着涂料的特性和用途,故而涂料中常常含有各种有

害气体。如苯、二甲苯、甲醛、氢气、氨气等。这些有毒物质被人体吸收，对皮肤、呼吸系统、泌尿系统、消化系统、血液循环系统以及中枢神经系统都有不同程度的损害。为此，国家制定了标准《民用建筑工程室内环境污染控制规范》GB50325—2001规定："民用建筑工程室内装修中所采用的水性涂料、水性胶粘剂、水性处理剂必须有总挥发性有机化合物（TVOC）和游离甲醛含量检测报告；溶剂型涂料、溶剂型胶粘剂必须有总挥发性有机化合物（TVOC）、苯、游离甲苯二异氰酸酯（TDI）、聚氨酯类含量检测报告，并应符合设计要求和本规范的规定"（强制性条文）；"建筑材料和装修材料的检测项目不全或对检测结果有疑问时，必须将材料送往有资格的检测机构进行检验，检验合格后方可使用"（强制性条文）。

采购时应向生产厂家或经销商索取检测报告，并注意检测单位的资质、检测产品名称、型号、检测日期。最好购买有"中国环境标志"的产品。

GB 50325—2001规范规定："施工单位应按设计要求及本规范的有关规定，对所有建筑材料和装修材料进行进场检验"，"当建筑材料和装修材料进场检验，发现不符合设计要求及本规范的有关规定时，严禁使用"（强制性条文）。

具体徽标如图3-1所示。

四、建筑油漆辅助材料

油漆施工过程中及油漆涂饰工程完成后，油漆的干燥成膜是一个很复杂的物理化学变化过程，为提高涂饰质量，达到对被涂饰物保护和装饰的目的。在建筑施工中，还必须根据施工条件和对象及装饰目的的要求，正确合理选用建筑油漆的辅助材料。建筑油漆辅助材料是油漆施工中不可缺少的配套材料。

建筑油漆常用腻子种类，组成和用途见表3-10。
填孔料的组成，特点见表3-11。
常用胶料的种类及特点，见表3-12。
砂纸、砂布的分类及用途见表3-13。

图 3-1

两种抛光材料的组成与用途见表 3-14。

建筑油漆常用腻子种类、组成和用途　　　表 3-10

种类	组成及配比（重量比）				性能及用途
		(1)	(2)	(3)	
石膏油腻子	熟石膏粉	1	0.8~0.9	1	使用方便、干燥快、硬度好、刮涂性好、宜打磨。适用于金属木质、水泥面
	清油（熟桐油）	0.3	1	0.5	
	厚漆	0.3		0.5	
	松香水	0.3	适量	0.25	
	水	适量	0.25~0.3	0.25	
	液体催干剂、松香水和熟桐油重量的 1%~2%				
血料腻子	大白粉 56、血料 16、鸡脚菜 1				操作简便、易刮涂填嵌、易打磨、干燥快。适用于木质、水泥抹灰
羧甲基纤维素腻子	大白粉 3~4、羧甲基纤维素 0.1、聚醋酸乙烯乳液 0.25				易填嵌、干燥快、强度高、易打磨。适用于水泥抹灰面

续表

种类	组成及配比（重量比）				性能及用途
乳胶腻子	大白粉 聚醋酸乙烯乳液 羧甲基纤维素 六偏磷酸钠	2 1 适量 适量	3 1 适量 适量	4 1 适量 适量	易施工、强度好、不易脱落、嵌补刮涂性好。用于抹灰、水泥面
天然漆腻子	天然漆7、石膏粉3				与天然大漆配套使用
过氯乙烯腻子	用过氯乙烯底漆与石英粉拌和而成				与过氯乙烯漆配套使用
硝基腻子	硝基漆1、香蕉水3、大白粉适量				与硝基漆配套使用

填孔料的组成、特点　　　　　表3-11

种类	材料组成（重量比）	特性
水性填孔料	碳酸钙（大白粉）65%～72%、水28%～35%、颜料适量	调配简单、施工方便、干燥快、着色均匀、价格便宜。但易使木纹膨胀、易收缩开裂、附着力差、木纹不明确
油性孔料	碳酸钙（大白粉）60%、清油10%、松香水20%、煤油10%、颜料适量	木纹不会膨胀、收缩开裂少，干后坚固，着色效果好，透明，附着力好，吸收上层涂料少。但干燥慢、价格高、操作不太方便

常用胶料的种类及特点　　　　　表3-12

种类	材料组成（重量比）	特性
皮胶	动物胶、粘结力强，但熬制费高、来源有限，已被有机树脂乳液代替	调配大血浆等水性涂料或水性填子料
血料	一般是猪血，成本低、效果好，但调配费高、有气味	调配大血浆等水性涂料或水性填孔料

83

续表

种 类	材料组成（重量比）	特 性
聚醋酸乙烯乳液	碳酸钙（大白粉）60%、清油10%、松香水20%、煤油10%、颜料适量	木纹不会膨胀、收缩开裂少，干后坚固，着色效果好，透明、附着力好，吸收上层涂料少。但干燥慢、价格高、操作不太方便
聚乙醇缩甲醛	108胶，粘结性能好，用途广泛，施工方便，但不宜贮存过久和存在铁质容器中	调配水浆涂料

砂纸、砂布的分类及用途　　　　表3-13

种类	磨料粒度号数（目）	砂纸、砂布代号	用　途
最细	200~320	水砂纸：400；500；600	清漆、硝基漆、油基涂料的层间打磨及漆面的精磨
细	100~220	玻璃砂纹：1；0；00 金刚砂布：1；0；00；000；0000 木砂纸：220；240；280；320	打磨金属面上的轻微锈蚀，底涂漆或封底漆前的最后一次打磨
中	80~100	玻璃砂纸：1；1½ 金刚砂布：1；1½ 水砂纸：180	清除锈蚀，打磨一般的粗面，墙面涂饰前的打磨
粗	40~80	玻璃砂纸：1½；2 金刚砂布1½；2	对粗糙面、深痕及有其他缺陷的表面的打磨
最粗	12~40	玻璃砂纸：3；4 金刚砂布：3；4；5；6	打磨清除磁漆、清漆或堆积的漆膜及严重的锈蚀

两种抛光材料的组成与用途　　　　表 3-14

名称	成分	配比(重量)			成分	配比(重量)			用途
		1	2	3		1	2	3	
砂蜡	硬蜡(棕榈蜡)	—	10.0	—	硅藻土	16.0	16.0	—	浅灰色膏状物,主要用于擦平硝基漆、丙烯酸漆、聚氨酯漆等漆膜表面的高低不平处,并可清除发白污染、枯皮及粗粒造成的影响
	液体蜡	—	—	20.0	蓖麻油	—	—	10.0	
	白蜡	10.3	—	—	煤油	40.0	40.0	—	
	皂片	—	—	2.0	松节油	24.0	—	—	
	硬脂酸锌	9.5	10.0	—	松香水	—	24.0	—	
	铅红	—	—	60.0	水	—	—	8	
上光蜡	硬蜡(棕榈蜡)	3.0	20.0	—	拜加"0"乳化剂	3.0	—	—	主要用于漆面的最后抛光,增加漆膜亮度,有防水、防污作用,延长漆膜的使用寿命
	白蜡	—	5.0	—	有机硅油	—	5%	少量	
	合成蜡	—	5.0	—	松香水	—	—	25.0	
	羧酯锰皂液	10%	5.0	—	水	83.998	—	—	
	松节油	—	10.0	40.0					

(一) 腻子

腻子用来填充基层表面原有凹坑、裂缝、孔眼等缺陷,使之平整并达到涂饰施工的要求。常用的腻子有永性腻子、油基腻子和挥发性腻子三种。腻子绝大部分已做到工厂化生产配套出售,但在油漆施工中还经常会遇到需自行调配各种专用腻子的情况。腻子对基层的附着力、腻子强度及耐老化性等往往会影响到整个涂层的质量。因此,应根据基层、底漆、面漆的性质选用配套的腻子。

(二) 胶料

胶料在建筑涂饰中应用广泛,除一般的粘结剂外,主要用于水浆涂料或调配腻子中,有时也做封闭涂层用。常用的胶料有动、植物胶和人工合成的化学胶料。

(三) 研磨材料

研磨材料在涂饰施工中不可缺少，几乎所有的工艺都离不开它。研磨材料按其用途可分为打磨材料（砂纸和砂布）和抛光材料（砂蜡和上光蜡）。抛光材料用于油漆涂膜表面，不仅能使涂膜更加平整光滑，提高装饰效果，还能对涂膜起到一定的保护作用。

（四）脱漆剂

脱漆剂是利用强溶剂或其他化学溶液对涂膜的溶胀作用使涂膜变软，以便除去基层表面的油漆膜。脱漆剂品种主要有溶剂型脱漆剂和酸、碱溶液脱漆剂，还有二氯乙烷、三氯乙烷、四氯化碳组成的非燃性脱漆剂，十二烷基磺酸钠乳化脱漆剂和硅酸盐型脱漆剂。

第二节 裱糊面料

一、裱糊面料概述

裱糊饰面材料的特点是工厂预制成材，能利用现代化工业生产手段，如套色印花、压纹、复合、织造等各种工艺。因此其材性、装饰效果都要比现场施工的同类饰面做法好，而且施工现场工作量也要小得多。

我国很早以前就有以各种彩色图案纸张或锦缎裱糊房间的做法。明朝学者李渔在他的著作《一家言·居室器玩部》中就有关于用洒金或绘制的纸张裱糊装饰室内的论述。尽管当时所有材料不耐久，锦缎的价格又比较贵，裱糊仍是明清以来从民间到官邸室内装修的重要手段，实际上就是现代壁纸类材料的先驱。

半个世纪前我国民居常采用土法生产的小张花纸或大白纸裱糊，少数大城市应用进口壁纸。20世纪50年代，上海、北京等地曾数次分别试制过各种新型壁纸，由于其材性、装饰质量未能达到施工、装饰和使用要求，再加上当时造价上的限制，没有能够正式投产应用。一些重点工程如人民大会堂、杭州机场贵宾休息室不得不采用真锦缎作为高级装修的内墙饰面。

近几十年来，国外发展起来的各种塑料壁纸解决了耐用、美观、价廉及施工方便等问题，材料的花色品种繁多，使用极为普遍。例如，英国当前壁纸的年产量达 10 亿 m^2。日本自 1965 年才开始大量生产这类产品，目前年产量已达到 1 亿多平方米，80% 用于公共建筑，其中以聚乙烯壁纸的产量最大。欧美以纸基壁纸居多，其中 80%～85% 用于住宅建筑。

国外壁纸的基层材料主要为塑料的，也有纸基、布基、石棉纤维基层的；面层材料多数为聚乙烯或聚氯乙烯。从施工来说，有现场刷胶裱糊的，还有在背面预涂压敏胶可以直接铺贴、随时揭换的。至于表面装饰效果则更为纷繁多样，有套色印花并压纹的，有仿锦缎、仿木材、石材、各种织物，甚至是仿清水砖的，还有带明显凹凸质感及静电植绒的。一般可以做到以假乱真，效果较好。例如，我国驻巴黎使馆的一间会议室、墙面看上去是清漆磨退木护墙板到顶的装修做法，不用手摸是很难辨认出其为壁纸的，不仅木纹可以照相制版、套色印刷，而且连木材的棕眼也能模拟出来。设想二者在原材料、造价、人工上的差别，可见壁纸的优越性了。此外，在不同基层上复合合成纤维织造的绒面可以制成人造墙绒，不仅装饰效果好，而且还有良好的吸声、隔声作用，近年来已在许多公共建筑上广泛应用。

从性能方面看，当代产品多数是表面可以耐水擦洗、遇火自熄或不致出现明火燃烧现象的，有的甚至完全不燃。近年，国外造成严重生命财产损失的高层建筑火灾事故频繁发生，造成死亡的直接原因多数不是被烧死，而是窒息。因此，如何减少内装修材料的燃烧问题受到了重视。对于饰面卷材来说，重要的是避免燃烧后出现大量烟气，特别是有毒气体。

老一代的塑料壁纸没有足够的透气性，只能在已充分干燥的基层上裱糊。英国 1971 年出版的有关著作中还强调落成房屋内墙最好先刷普通涂料过渡，半年后，即使是干燥季节也至少一个季度以后再裱糊壁纸，就是为了避免因基层水分无处散发而影响壁纸的装饰质量及使用质量。

二、壁纸分类

按材质分，有下述几种常用的壁纸、壁布，见表 3-15。

常见壁纸、壁布的品种、特点及应用范围　　　　表 3-15

产品种类	特点	适用范围
聚氯乙烯壁纸（PVC 塑料壁纸）	以纸或布为基材，PVC 树脂为涂层，经复合印花、压花、发泡等工序制成。具有花色品种多样、耐磨、耐折、耐擦洗、可选性强等特点。属目前产量最大，应用最广泛的一种壁纸	各种建筑物的内墙面及顶棚
织物复合壁纸	将丝、棉、毛、麻等天然纤维复合于纸基上制成。具有色彩柔和、透气、调湿、吸声、无毒、无味等特点，但价格偏高，不易清洗	饭店、酒吧等高级墙面点缀
金属壁纸	以纸为基材，涂复一层金属薄膜制成。具有金碧辉煌、华丽大方，不老化、耐擦洗，无毒、无味等特点	公共建筑的内墙面，柱面及局部点缀
复合纸质壁纸	将双层纸（表纸和底纸）施胶、层压、复合在一起，再经印刷、压花、表面涂胶制成，具有质感好、透气、价格较便宜等特点	各种建筑物的内墙面
玻璃纤维壁布	以石英为原料，经拉丝，织成网格状、人字状的玻璃纤维壁布，将这种壁布贴在墙上后，再涂刷各种色彩的乳胶漆，形成多种色彩和纹理的装饰效果。具有：无毒、无味、耐擦洗、寿命长等特点	各种建筑物的内墙面
锦缎壁布	华丽美观、强度高、无毒、无味、透气性好	高级宾馆、住宅内墙面
装饰壁布	强度高、无毒、无味、透气性好	招待所、会议室、餐厅等内墙面

三、壁纸的技术性能

常用壁纸的主要性能及规格分别见表 3-16 ~ 表 3-22。

聚氯乙烯塑料壁纸的技术性能　GB 8945—88　　表 3-16

名称＼等级	优等品	一等品	合格品
色差	不允许有	不允许有明显差异	允许有差异，但不影响使用
伤痕和皱折	不允许有	不允许有	允许基纸有明显折印，但壁纸表面不允许有死折
气泡	不允许有	不允许有	不允许有影响外观的气泡
套印精度	偏差不大于 0.7mm	偏差不大于 0.7mm	偏差不大于 2mm
露底	不允许有	不允许有	允许有 2mm 的露底，但不允许密集
漏印	不允许有	不允许有	不允许有影响外观的漏印
污染点	不允许有	不允许有目视明显的污染点	允许有目视明显的污染点，但不允许密集

聚氯乙烯塑料壁纸的物理性能　GB 8945—88　　表 3-17

项目		指标		
		优等品	一等品	合格品
褪色性		>4	≥4	≥3
耐摩擦色牢度实验（级）	干擦性 纵向	>4	≥4	≥3
	干擦性 横向			
	湿摩擦 纵向	>4	≥4	≥3
	湿摩擦 横向			
遮蔽性 C 级		4	≥3	≥3
湿润拉伸负荷 N/15mm		>20	≥20	≥20
粘合剂可试性		20 次无外观上的损伤和变化	20 次无外观上的损伤和变化	20 次无外观上的损伤和变化

注：粘合剂可试性是指粘合壁纸的粘合剂附在壁纸的正面，在粘合剂未干时，应有可能用湿布或海绵拭去不留下明显痕迹。

聚氯乙烯塑料壁纸的可洗性能 GB 8945—88   表 3-18

使用等级	指　标
可洗	30 次无外观的损伤和变化
特别可洗	100 次无外观的损伤和变化
可刷洗	40 次无外观的损伤和变化

聚氯乙烯塑料壁纸的阻燃性能 GB 5002—95   表 3-19

级　别	氧指数法	水平燃烧法	垂直燃烧法
B1	≥32	1 级	0
B2	≥27	1 级	1 级

聚氯乙烯塑料壁纸有毒物质限量值 GB 18585—2001（mg/kg）   表 3-20

有毒物质名称		限　量　值
重金属（或其他）元素	钡	≤1000
	镉	≤25
	铬	≤60
	砷	≤8
	铅	≤90
	汞	≤20
	硒	≤165
	锑	≤20
氯乙烯		≤1.0
甲醛		≤120

其他壁纸、壁布的技术性能   表 3-21

产品种类	项　目	指　标	备　注
织物复合壁纸	耐光色牢度（级）	>4	××建筑材料厂
	耐摩擦色牢度（级）	>1（干、湿摩擦）	
	不透明度（%）	>90	
	湿强度（N/1.5cm）	4（纵向）2（横向）	

续表

产品种类	项 目	指 标	备 注
金属壁纸	剥离强度（MPa） 耐擦洗（次） 耐水性（30℃，软水，24hr）	>0.15 >1000 不变色	××墙纸厂
玻璃纤维壁布	产品符合德国标准		××公司
装饰壁布	断裂强度（N/5×200mm）	770（纵向），490（横向）	
	断裂伸长率（%）	3（纵向），8（横向）	
	冲击强度（N）	347	Y631型织物破裂实验机
	耐磨（次）	500	Y522型圆盘式织物耐磨机
	静电效应静电值（V） 半衰期（S）	184 1	感应式静电仪，室温19±1℃，相对湿度50±2%，放电电压5000V
	色泽牢度单洗褪色（级） 皂洗色（级） 湿摩擦（级） 干摩擦（级） 刷洗（级） 日晒（级）	3~4 4~5 4 4~5 3~4 7	按印刷棉布国家标准测试与评定

壁布规格尺寸　　　　　　　　　　　　表3-22

产 品 名 称	规 格 尺 寸
PVC塑料壁纸	宽：530mm　长：10m/卷
织物复合壁纸	宽：530mm　长：10m/卷

续表

产 品 名 称	规 格 尺 寸
金属壁纸	宽：530mm　长：10m/卷
复合纸质壁纸	宽：530mm　长：10m/卷
玻璃纤维壁布	宽：530mm　长：17m或33.5m/卷
锦缎壁布	宽：720~900mm　长：20m/卷
装饰壁布	宽：820~840mm　长：50m/卷

四、壁纸和壁布的性能及国家通用标志

塑料壁纸按使用功能还有防水、防火、防菌、防静电等类型。为此在其背面印有其功能特点的国际通用标志，如图3-2所示。

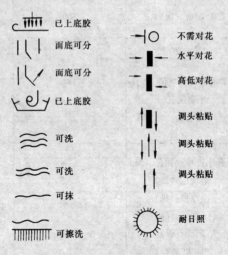

图3-2　壁纸、壁布性能国际通用标志

五、壁纸和壁布的一般材质要求

壁纸、壁布的图案、品种、色彩等应符合设计要求，并应附有产品合格证，塑料壁纸的质量应符合《聚氯乙烯壁纸》（GB 8945—88）的规定。

第三节 玻 璃

一、玻璃在建筑工程中的作用

玻璃是以石英砂、纯碱、石灰石等主要原料与某些辅助性材料经高温熔融、成型,并过冷而成的固体材料。玻璃是建筑工程不可缺少的重要材料之一我国对建筑玻璃的应用制定了《建筑玻璃应用技术规范》JGJ 113—97。近年来,玻璃正在向多品种、多功能方面发展,兼具装饰性与适用性的玻璃新品种不断问世,从而为现代建筑设计提供了更大的选择性。如平板玻璃已由过去单纯作为采光材料,而向控制光线、调节热能、节约能源、控制噪声以及降低结构自重,改善环境等多种功能方面发展。同时用着色,磨光等办法提高装饰效果。

现代许多建筑的主要立面多采用玻璃制品,这些造成了总的能量消耗急剧上升。能源危机的美国曾试图减少窗户面积来降低新建筑的能耗,结果是减小窗户面积 1/4,能耗只降低 10%,而采用大面积玻璃窗的优点受到很大限制。用双层中空玻璃以及其他吸热和热反射等玻璃作为窗户,因具有隔热、保暖性能,节省了大量采暖及空调所需的能耗及费用。因此,这种玻璃获得了迅速的应用和发展。美国一幢 20 层的办公大楼,采用银色涂层的双层中空玻璃,每平方英尺每年的能耗为 54941kJ,如用普通单层玻璃,则为 177218kJ,即可节约能耗 2/3。据罗马尼亚资料,采用双层中空玻璃,冬季保暖的能耗可降低 25%~30%,噪声由 80dB 降至 30dB。比利时格拉维尔公司称,热反射双层中空玻璃与普通双层中空玻璃相比,每平方米采暖面积,每年可节约用油 45t。设备投资亦随之降低。

由于现代建筑中,愈来愈多地应用了玻璃门窗、玻璃幕墙以及玻璃构件,砖石、钢材以及钢筋混凝土的用量逐步减少,从而减轻了建筑结构的重量。据美国资料统计,每平方米普通墙体重 250kg,而同面积的双层中空玻璃构成的墙体只重 25kg。

二、平板玻璃知识

(一) 按化学成分分类

1. 钠玻璃

即普通玻璃,在原材料中含纯碱或硫酸钠等材料制成的玻璃就是普通玻璃。它的主要成分是氧化硅、氧化钠、氧化钙等,主要用于建筑和日用玻璃器皿。

2. 铝镁玻璃

由氧化硅、氧化钙、氧化镁、氧化钠和氧化铝等组成,此种玻璃多用作窗玻璃。

3. 钾玻璃

钾玻璃又名硬玻璃,是以氧化钾代替部分氧化钠,并提高氧化硅的含量。主要用来制造高级日用器皿和化学仪器。

4. 铅玻璃

铅玻璃又称重玻璃。主要成分是氧化硅、氧化钾、氧化铅等。这类玻璃主要用于制造光学仪器。

5. 硼硅玻璃

硼硅玻璃又称耐热玻璃,其主要成分是氧化硅、氧化硼等。这类玻璃主要用于制造化学仪器和绝缘材料。

6. 石英玻璃

石英玻璃由氧化硅组成,主要用在医疗器械紫外线灯和特殊实验仪器上。

(二) 按功能分类

平板玻璃主要有两种用途:一是用于建筑物门窗及贴面;二是用于深加工的玻璃制品。

1. 窗用及贴面玻璃

窗用玻璃也称单光玻璃、白片玻璃、净片玻璃等。其厚度常用 3mm、5mm、6mm、8mm、10mm,面积大小根据使用要求现场裁割。贴面玻璃一般利用玻璃的透明性,在背后衬以装饰图案,以增加装饰效果,单独使用效果并不理想。

2. 玻璃的深加工制品

平板玻璃往往是其他特殊功能玻璃的基底材料，利用平板玻璃可以制造出许多种类的玻璃制品。如刻花玻璃、玻璃大理石、中空玻璃、钢化玻璃、镀膜玻璃等。

三、平板玻璃的装箱规定

（一）各种厚度的平板玻璃装箱规定

各种厚度的平板玻璃装箱规定见表3-23。

平板玻璃装箱规定　　　　表3-23

每片玻璃面积（m²）	厚度（mm） 每箱总面积（m²）	2	3	5	6
≤0.4		20	20	20	15
≥0.405		30	20	20	15

注：每箱总面积=每片玻璃面积（长×宽）×每箱片数。

（二）平板玻璃的计量单位

平板玻璃以标准箱为计量单位，一般标准箱为2mm厚的平板玻璃10m²。

（三）平板玻璃的重量

平板玻璃单位面积的重量见表3-24。

单位面积重量　　　　表3-24

厚度（mm）	2	3	5	6
重量（kg/10m²）	50	75	125	150

（四）各种厚度平板玻璃折成标准箱的换算系数和换算方法

平板玻璃标准箱换算见表3-25。

例：厚3mm的平板玻璃25m²：

折合标准箱为：25/10×1.65　=4.13标准箱

或　　　　　　25÷6.04　　=4.13标准箱

折合重量箱为：25/10×1.50　=3.75重量箱

平板玻璃标准箱换算 表 3-25

厚度 (mm)	折合标准箱		折合重量箱		附 注
	每 10m² 折合标准箱	每一标准箱折合 m²	每 10m² 折合 kg	折重量箱	
2	1	10.0	50	1.0	重量箱是指 2mm 厚的平板玻璃每一标准箱的重量
3	1.65	6.06	75	1.5	
5	3.5	2.86	125	2.5	
6	4.5	2.22	150	3.0	
8	6.5	1.54	200	4.0	
10	8.5	1.17	250	5.0	
12	10.5	0.95	300	6.0	

四、平板玻璃的生产尺寸及质量标准

（一）平板玻璃的生产尺寸

按照国家标准 GB 4870—85 规定，普通平板玻璃的尺寸采用国际单位制，尺寸范围见表 3-26。经常生产的平板玻璃主要规格见表 3-27。

平板玻璃的尺寸范围（mm） 表 3-26

厚 度	长 度		宽 度	
	最 小	最 大	最 小	最 大
2	400	1300	300	900
3	500	1800	300	1200
4	600	2000	400	1200
5	600	2600	400	1800
6	600	2600	400	1800

注：1. 长、宽尺寸比不超过 2.5；
    2. 长、宽尺寸的进位基数均为 50mm。

经常生产的平板玻璃主要规格 表 3-27

尺 寸（mm）	厚 度（mm）	备注（英寸）
900×600	2，3	36×24
1000×600	2，3	40×24
1000×800	3，4	40×32

续表

尺寸（mm）	厚度（mm）	备注（英寸）
1000×900	2，3，4	40×36
1100×600	2，3	44×24
1100×900	3	44×36

（二）普通平板玻璃的质量标准

普通平板玻璃按厚度分为 2mm、3mm、4mm、5mm、6mm 五类。按外观质量分为特选品、一等品、二等品三类。厚度偏差应符合表 3-28 规定；弯曲度不得超过 0.3%；尺寸偏差（包括偏斜）不得超过 ±3mm；边部凸出或残缺部分不得超过 3mm；一片玻璃只许有一个缺角；沿原角等分线测量不得超过 5mm。

平板玻璃的厚度允许偏差（mm） 表 3-28

厚度	允许偏差范围	厚度	允许偏差范围
2	±0.15	5	±0.25
3	±0.20	6	±0.30
4	±0.20		

透光率：厚度 2mm，透光率不小于 88%。

厚度 3mm、4mm，透光率不小于 86%。

厚度 5mm、6mm，透光率不小于 82%。

玻璃表面不许有擦不掉的白雾状或棕黄色的附着物。外观质量等级按表 3-29 确定。用户有权检查玻璃是否符合要求。

外观质量等级 表 3-29

缺陷种类	说明	特选品	一等品	二等品
波筋（包括波纹辊子花）	允许看出波筋的最大角度	30°	45° 50mm 边部，60°	60° 100mm 边部，90°
气泡	长度 1mm 以下的	集中的不允许	集中的不允许	不限
	长度大于 1mm 的，每平方米面积允许个数	≤6mm，6	≤8mm，8 8~10mm，2	≤10mm，10 10~20mm，2

续表

缺陷种类	说明	特选品	一等品	二等品
划伤	宽度0.1mm以下的，每平方米面积允许条数	长度≤50mm 4	长度≤100mm 4	不限
划伤	宽度大于0.1mm的，每平方米面积允许条数	不许有	宽0.1~0.4mm 长<100mm 1	宽0.1~0.8mm 长<100mm 2
砂粒	非破坏性的，直径0.5~2mm，每平方米面积允许个数	不许有	3	10
疙瘩	非破坏性的透明疙瘩，波及范围直径不超过3mm，每平方米面积允许个数	不许有	1	3
线道	正面可以看到的每片玻璃允许条数	不许有	30mm边部允许有宽0.5mm以下的1条	宽0.5mm以下的2条
麻点	表面呈现的集中麻点	不许有	不许有	每平方米不超过3处
麻点	稀疏的麻点，每平方米面积允许个数	10	15	30

注：1. 集中气泡是指100mm直径圆面积内超过6个；
2. 砂粒的延续部分，90°角能看出者当线道论；
3. 二等品玻璃边部15mm内，允许有缺陷；
4. 玻璃不许有裂纹、压口和破坏性的耐火材料结石疵点存在。

五、包装、运输、储存

玻璃应用木箱或集装箱（架）包装。木箱不得用腐朽或带有较大裂纹、节瘤木材制作。2mm、3mm玻璃包装箱的底盖及堵头板厚不小于15mm，其他部位板厚不小于12mm。4mm、5mm厚玻璃包装箱底盖板厚不小于18mm，堵头板厚不小于21mm，其他部位板厚不小于15mm。

木箱上应印有工厂名称或商标、玻璃等级、厚度、尺寸、片数、包装面积、装箱年月，箱上应印有：上面、轻搬正放、小心破碎、严禁潮湿字样，集装箱（架）要有相应的标记。

玻璃必须在有顶盖的干燥房间内保管，在运输途中和装卸时需有防雨设施。玻璃在贮存、运输、装卸时箱盖应向上，箱子不得平放或斜放。玻璃在运输时，箱头朝向运输的运动方向，并采取措施，防止倾倒、滑动。

第四节 玻璃钢知识

一、玻璃钢的特点

玻璃钢又称为玻璃纤维增强材料，它是以玻璃纤维及其制品❶为增强材料，以合成树脂为胶粘剂，加入多种辅助材料，经过一定的成型工艺制作而成的复合材料。它具有耐高温、耐腐蚀、电绝缘性好等优点。广泛应用于建筑工程的防腐地面、防腐墙面、防腐废液水池，也适用于国防、石油、化工、车辆、电气等方面。

常用玻璃钢的种类有：环氧玻璃钢、酚醛玻璃钢、呋喃玻璃钢和聚酯玻璃钢等。这几种常用玻璃钢的特点及用料配合比见表3-30～表3-32。

常用玻璃钢的特点　　　　　　　　表3-30

项目	玻 璃 钢 种 类			
	环氧玻璃钢	酚醛玻璃钢	呋喃玻璃钢	不饱和聚酯玻璃钢
特点	机械强度高，收缩率小，耐腐蚀性优良，粘结力强，成本较高，耐温性能较差	强度较高，电绝缘性能良好，成本较低，耐热性优良，耐腐蚀性能较好。在室外长期使用后会出现表面风蚀现象	原料来源广，成本较低。耐碱性好，耐温性较高，强度较差，性能脆，与钢壳粘结力较差	工艺性良好，施工方便（冷固化），强度高，性能和耐化学腐蚀性良好。耐温性差，收缩率大，弱性模量低。不适于制成承力构件，有一定气味和毒性

❶ 玻璃纤维及其制品包括玻璃丝布、玻璃丝带、无捻玻璃粗纱等。

续表

项目	玻 璃 钢 种 类			
	环氧玻璃钢	酚醛玻璃钢	呋喃玻璃钢	不饱和聚酯玻璃钢
使用参考温度(℃)	<90~100	<120	<180	<90

二、玻璃钢常用材料

玻璃钢常用材料见表 3-31。

玻璃钢常用材料　　　　　表 3-31

项 目	玻 璃 钢 种 类			
	环氧玻璃钢	酚醛玻璃钢	呋喃玻璃钢	聚酯玻璃钢
常用树脂	环氧树脂(6101,634)	热固性酚醛树脂(2130,2124,2127)	糠酮树脂、糠酮—甲醛树脂、糠酮树脂	306、771、711、189、191、198等聚酯树脂及33号表面层（胶衣）树脂
常用固化剂	间苯二胺、乙二胺、多苯二甲酸二丁酯、亚磷酸三苯酯、聚酯树脂	苯磺酰氯对甲苯磺酰氯、硫酸乙酯	苯磺酰氯、硫酸乙酯	过氧化环己酮（催化剂）、环烷酸钴（催进剂）
常用增韧剂	邻苯二甲酸二丁酯、苯二甲酸二丁酯、亚磷酸三苯酯、聚酯树脂	胶泥改进剂（即桐油钙松香）	胶泥改进剂、邻苯二甲酸二丁酯、亚磷酸三苯酯、沥青/甲苯	
常用稀释剂				

续表

项目	玻璃钢种类			
	环氧玻璃钢	酚醛玻璃钢	呋喃玻璃钢	聚酯玻璃钢
常用填料	辉绿岩粉、石墨粉、石英粉、磁粉	石墨粉、石英粉、磁粉	同环氧玻璃钢所用填料。触变剂用二氧化硅粉、聚氯乙烯粉	
玻璃纤维制品	有碱玻璃布：多用于强度要求不高的玻璃钢 无碱玻璃布：多用于强度要求高的玻璃钢 中碱玻璃布：多用于强度要求介乎以上二者之间的玻璃钢 一般建筑工程：多用无碱、无捻粗纱方格布（平纹），经纬密度为 6mm×6mm 或 8mm×8mm。厚度宜为 0.1～0.3mm，不得大于 0.5mm			

环氧玻璃钢用料配合比　　　表 3-32

材料名称	配方编号			
	配方Ⅰ	配方Ⅱ	配方Ⅲ	配方Ⅳ
环氧树脂	100	100	100	100
丙酮或乙醇	60～100	40～50	0～10	10～15
乙二胺丙酮溶液	12～16	12～16	12～16	12～16
乙二胺（100%）	(6～8)	(6～8)	(6～8)	(6～8)
填料	10～20	10～20	120～180	15～20
用途	水泥砂浆、混凝土上打底用	钢材上打底用	腻子用	面层用

注：表中括号内数字为也可选用的数据。

酚醛玻璃钢用料配合比　　　表 3-33

材料名称	配方编号	
	配方Ⅰ	配方Ⅱ
酚醛树脂	100	100
丙酮或乙醇	0～10	0～15
苯磺酰氯	8～10	8～10
石英粉或磁粉	120～180	10～15
用途	腻子用	面料用

三、玻璃钢地面与墙面胶料的配合比

玻璃钢地面、墙面胶料的配合比见表 3-34。

玻璃钢地面、墙面胶料的配合比　　　　表 3-34

配合比(重量比) 材料	使用对象	基层打底		腻子料	环氧玻璃钢		酚醛玻璃钢		呋喃玻璃钢	
		第一遍	第二遍		胶料	面层料	胶料	面层料	胶料	面层料
树脂	环氧玻璃钢 酚醛玻璃钢 呋喃玻璃钢	100	100	100	100	100	100	100	100	100
稀释剂	丙酯 酒精(无水)	50~80	40~50	20~30	15~20	10~15	20~30	35	10~20	10~20
固化剂	乙二胺 石油磺酸 硫酸乙酯	6~8	6~8	6~8	6~8	6~8	8~16	8~16	10~14	10~14
填料	石英粉 辉绿岩粉	15~20	15~20	250~350	15~20		20~30	20~30		

选择玻璃钢地面、墙面胶料配合比应注意以下几方面问题：

(1) 为满足使用要求和保证工程质量，在选择各种不同原材料所制得的玻璃钢以前，必须充分了解防腐地面、墙面的使用要求和各种树脂防腐蚀性能及物理机械性能。然后，根据使用要求来选择合适的树脂和配合比。

(2) 冬季施工时，固化剂宜多用一些，夏季施工时稀释剂宜多用些。

(3) 酚醛树脂的稀剂为酒精，不可用丙酮。

(4) 酚醛玻璃钢与混凝土或水泥浆面粘贴时，须用环氧树脂胶料打底做隔离层。

(5) 正式施工之前，必须根据气候情况做小型试样，以选定合理的固化剂掺入量。

(6) 采用硫酸乙酯为固化剂的配合比：浓硫酸:无水乙醇 = 2~2.5:1

第四章 涂裱工常用工具、机具及设备

第一节 基层处理工具

一、油漆工基层处理手工工具

（一）铲刀

铲刀应保持良好的刀刃，如图4-1所示。

规格：宽度有1″、1.5″、2″、2.5″。

用途：清除旧壁纸、旧漆膜或附着的松散物。

（二）腻子刮铲

外表与铲刀相似，但刀片薄，经特殊处理后非常柔韧；刀片本身虽不需很锋利，但应薄、平整并不应有任何缺口，如图4-2所示。

图4-1 铲刀　　图4-2 腻子刮铲

（三）钢刮板

带有手柄的薄钢刀片，它的结构比腻子铲刀简单，刀片更柔韧，如图4-3所示。

规格：宽度为80mm和120mm。

用途：与腻子刮铲相似。

（四）牛角刮刀

用水牛角制成的薄板状，如图4-4所示。

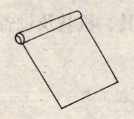

图4-3 钢刮板

图4-4 牛角刮刀

规格：刀口宽度分大（10cm以上）、中（4～10cm）、小（4cm）三种。

用途：板面上刮涂各种腻子。

使用：(1) 板面应平直、透明、无横丝。

(2) 刀口不必太锋锐，要平整，不能缺口少角。

(3) 炎热天气使用中宜2h更换一次用具，以免弯曲变形，冬天不可用力过猛以免断裂。

(4) 不可在腻子里浸泡时间过长以免变形。

(5) 使用后应擦拭干净，插入木制夹具内。

(6) 如有变形，可用开水浸泡后用平面重物压平或用熨斗烫平。

（五）橡皮刮板

由耐油、耐溶剂橡皮（3001号或3002号）和木柄构成，如图4-5所示。

用途：刮涂厚层的水腻子或曲形面上的腻子。

使用：新刮板要用2号砂布将刀口磨齐、磨薄，再用200号水砂纸磨细，刀口不应有凹凸现象。

（六）调料刀

圆头、窄长而柔韧的钢片，如图4-6所示。

图 4-5 橡皮刮板　　　　图 4-6 调料刀

规格：刀片长度为 75～300mm。

用途：在涂料罐里或板上调拌涂料。

保管：钢片端部不应弯曲、卷起。

（七）腻子刀或油灰刀

刀片一边是直的，另一边是曲形的，也有两边都是曲形的，如图 4-7 所示。

规格：刀片长度为 112mm 或 125mm。

用途：(1) 把腻子填塞进小孔或裂缝中。

(2) 镶玻璃时，可把腻子刮成斜面。

保管：刀片端部或起有毛刺时应急时修磨。

（八）斜面刮刀

周围是斜面刀刃，如图 4-8 所示。

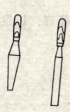　　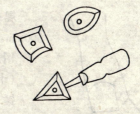

图 4-7 油灰刀　　　　图 4-8 斜面刮刀

用途：(1) 刮除凸凹线脚、檐板或装饰物上的旧油漆碎片，一般与涂料清除剂或火焰烧除设备配合使用。

(2) 在填腻子前，可用来清理灰浆表面裂缝。

保管：经常锉磨，保持刮刀刀刃锋利。

（九）刮刀

在长手把上装有能替换的短而锋利的刀片，如图 4-9 所示。

规格：刀片宽度为 45~80mm 之间。

用途：用来清除旧油漆或木材上的斑渍。

（十）剁刀

带有皮革手柄和坚韧结实的金属刀片，刀背平直，便于用锤敲打，如图 4-10 所示。

规格：刀片长为 100mm 或 125mm。

用途：铲除旧玻璃油灰。

（十一）搅拌棒

坚硬、有孔、叶片形的棒，端部扁平，在搅涂料时，可与涂料罐的底部很贴切，棒上的孔洞便于涂料通过，改善搅拌效果，如图 4-11 所示。

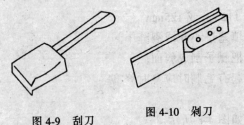

图 4-9 刮刀   图 4-10 剁刀   图 4-11 搅拌棒

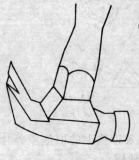

图 4-12 锤子

规格：各种尺寸都有，长度可达 600mm。

用途：搅拌涂料。

（十二）锤子

锤子如图 4-12 所示。

规格：质量在 170~227g 之间。

用途：(1) 可与冲子、錾子、砍刀配合使用。

(2) 可钉钉子，楔子。

(3) 清除大的锈皮。

(十三) 钳子

具体形式如图 4-13 所示。

规格：150mm、175mm、200mm。

用途：拔掉钉子和玻璃钉。

(十四) 冲子

如图 4-14 所示。

规格：端部尺寸为 2mm、3mm、5mm。

用途：刮腻子前把木材表面上的钉子钉入木表面以下。

(十五) 直尺

两边用小木块垫起带有斜边的直木板，如图 4-15 所示。

规格：长度有 300mm~1m。

 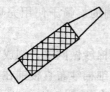 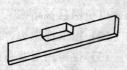

图 4-13　钳子　　　图 4-14　冲子　　　图 4-15　直尺

用途：用来画线，与画线笔配合使用。

(十六) 金属刷

如图 4-16 所示。

(1) 带木柄，装有坚韧的钢丝。

(2) 铜丝刷不易引起火花，可用于易燃环境。

规格：有多种形状，长度为 65~285mm。

用途：清除钢铁部件上的腐蚀物。

(3) 在涂漆前清扫表面上的松散沉积物。

(十七) 尖镘

如图 4-17 所示。

规格：刀片为 125mm 或 150mm。

用途：修补大的裂缝和孔穴。

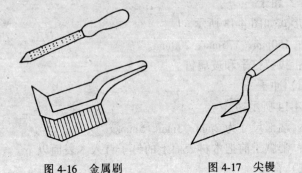

图 4-16　金属刷　　　　图 4-17　尖镘

(十八) 滤漆筛

如图 4-18 所示。(1) 金属滤漆筛，筛的边沿可用马口铁皮或镀锌铁皮卷成圆桶并装铜网。铜网规格有三种，30 目为粗的，40 目为细的，80 目为最细的。筛子使用完后应立即彻底清洗干净，以免网目被堵塞。

(2) 用纸板做边，细棉纱做网罩，制成简易滤油筛。

(3) 也可用尼龙布或细棉纱布直接铺在桶口上。

用途：滤掉涂料中的杂物或漆皮。

(十九) 托板

用油浸胶合板、复合胶合板或厚塑料板制成，如图 4-19 所示。

图 4-18　滤漆筛　　　　图 4-19

规格：用于填抹大孔隙的托板，尺寸为 100mm×130mm；用于填抹细缝隙的托板，尺寸为 180mm×230mm（手柄的长度在内）。

用途：托装各样填充料，在填补大缝隙和孔穴时用它盛砂浆。

（二十）打磨块

用木块、软木、毡块或橡胶制成（橡胶制品最耐久）。

规格：打磨面约为 70mm 宽，100mm 长。

用途：用来固定砂纸，使砂纸能保持平面，便于擦抹。

二、油漆工用基层处理小型机具

（一）圆盘打磨器

以电动机或空气压缩面带动柔性橡胶或合成材料制成的磨头，在磨头上可固定各种型号的砂纸。

用途：（1）可打磨细木制品表面、地板面和油漆面，也可用来除锈，并能在曲面上作业，如图 4-20 所示。

（2）如把磨头换上羊绒抛光布轮，可用于抛光。

（3）换上金钢砂轮，可用于打磨焊缝表面（注：这种工具使用时应注意控制，不然容易损伤材料表面，产生凹面）。

（二）旋转钢丝刷

安装在气动或电动机上的杯形或盘形钢丝刷，如图 4-21 所示。

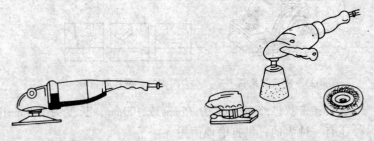

图 4-20　　　　　　图 4-21　旋转钢丝刷

安全保护：（1）应带防护眼镜。

(2) 在没有关掉开关和停止转动以前，不应从手中放下，以免在离心力作用下抛出伤人。

(3) 直径大于55mm的手提式磨轮，必须标有制造厂规定的最大转数。

(4) 在易爆环境中，必须使用磷青铜刷子。

（三）环行往复打磨器

用电或压缩空气带动，由一个矩形柔韧的平底座组成。在底座上可安装各种砂纸，如图4-22所示。打磨时底表面以一定的距离往复循环运动。运动的频率因型号不同而异，大约为6000~20000次/min。来回推动的速度越快，其加工的表面就越光。环行打磨机的质量较轻，长时间使用不致使人感到疲倦。

图4-22 环行往复打磨器

用途：对木材、金属、塑料或涂漆的表面进行处理和磨光。

安全保护：电动型的，在湿法作业或有水时应注意安全，气动型的比较安全（注：这种打磨机的工作效率虽然低，但容易掌握，经过加工后的表面比用圆盘打磨机加工的表面细）。

（四）皮带打磨机

机体上装一整卷的带状砂纸，砂纸保持着平面打磨运动，它的效率比环行打磨机高，如图4-23所示。

图4-23 皮带打磨机 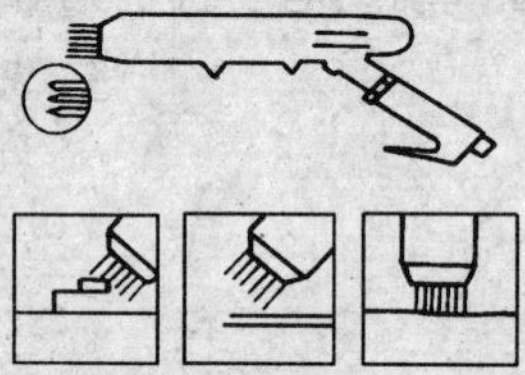　　图4-24 钢针除锈枪

规格：带状砂纸的宽度为75mm或100mm，长度为610mm；另外还有一种大的，供打磨地面用。

用途：(1) 打磨大面积的木材表面。

(2) 打磨金属表面的一般锈蚀。

（五）钢针除锈枪

枪的端头有许多有气动弹簧推动的硬质钢针。在气流的推动下，钢针不断向前冲击，待撞到物体表面就被弹回来，这样不间断地连续工作，约达到 2400 次/min。每个钢针可自行调节到适当的工作表面，如图 4-24 所示。

用途：用来除锈，特别是一些螺栓帽等不便于处理的圆角凹面；在大面积上使用的效率太低不经济；可用来清理石制品或装饰性铁制品。

钢针类型：（1）尖针型。清除较厚的铁锈和较大的轧制氧化皮，但处理后的表面粗糙。

（2）扁錾型。作用与尖针型相似，但对材料表面的损害较小，仅留有轻微痕迹。

（3）平头型。用它处理金属表面，不留痕迹，可处理较薄的金属表面，也可用在对表面要求不高的地方，如混凝土和石材制品表面。

安全保护：工作时应带防护眼镜，不应在易燃环境中使用。在易燃环境中使用，应用特制的无火花型的钢针。

三、漆膜烧除设备

（一）石油液化气气柜

（1）瓶装型气柜以液化石油气、丁烷或丙烷做气源的手提式轻型气柜。气瓶上装有能重复冲气的气孔，并能安装各种能产生不同形状火焰和温度的气嘴。根据使用气嘴形状不同，每瓶气可使用 2~4h，如图 4-25 所示。

（2）罐装型气柜软管的一端装有燃烧嘴，另一端固定在装有丁烷或丙烷气的大型罐上。一个气罐可同时安装两个气柜。它比瓶装气柜更轻便、灵活，特别适用于空间窄小的地方，如图 4-26 所示。

（3）一次用完的气柜燃烧嘴安在一个不能充气的气柜筒上，它比其他的气柜瓶都轻便但成本高。这种气柜筒燃烧时间短，火焰的温度比大型气柜低，如图 4-27 所示。

图 4-25　　　　图 4-26　　　　图 4-27

（二）管道供气气柜

管道供气的气柜把手提式的气柜枪连接在天然气或煤气管道上，在敷设有煤气管道的地方很方便，但受到使用场地的限制，如图 4-28 所示。

（三）热吹风刮漆器

热吹风刮漆器原理与理发用热电风很相似，热风由电热原件产生，温度可在 20～60℃ 间调节。为减轻质量、方便施工，喷头与加热元件应分开，如图 4-29 所示。

优点：与喷灯、气柜相比无火焰，不易损伤木质、烧裂玻璃，并可确保防火安全。

用途：适用于旧的或易损伤的表面及易着火的旧建筑物的涂膜清除。

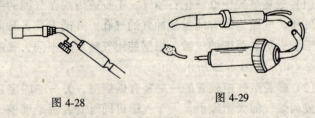

图 4-28　　　　　　图 4-29

四、刮腻子的常用工具

（一）铲刀

铲刀由钢制刀片及木制手柄组成，亦称作"开刀"。铲刀的刀片由弹性很好的薄钢片制成，按刀片的宽度分为 20～100mm 等多种不同规格。适用于被涂物面上孔、洞的嵌补刮涂。铲刀在使用时应注意不要使刀边卷曲，存放时应注意防锈，如图 4-30 所示。

（二）钢刮板

钢刮板由很薄的钢片及木把手组成，如图 4-31 所示。钢刮板钢片比铲刀的刀片更柔韧，钢刮板的宽度一般在 200mm 左右，比较适宜大面积的刮涂操作。钢刮板在使用及存放时应注意防锈。

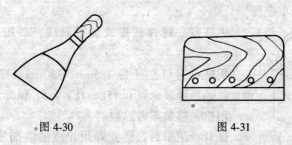

图 4-30　　　　　　　　图 4-31

（三）木制刮刀

木制刮刀多用柏木、椴木等直纹木片或竹板削制而成，有竖式及横式两种，如图 4-32 所示。竖式的用于孔、洞的嵌补刮涂；横式的用于大面的刮涂操作。

（四）牛角刮刀

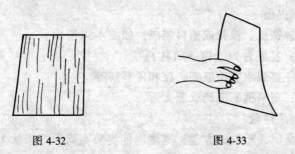

图 4-32　　　　　　　　图 4-33

牛角刮刀一般由牛角的薄片制成，适用于木制被涂物表面腻子的刮涂操作，如图 4-33 所示。牛角刮刀的弹性及韧性俱佳，不易造成被涂物表面的划伤。但是，夏季使用牛角刮刀时，由于气温过高易产生变形，应注意每 2h 更换一次，交替使用；冬季使用牛角刮刀时，由于气温过低易产生断裂，应注意不要用力过猛。存放牛角刮刀时应插入木制的夹具内，以防变形。如遇变形情况，可以用开水浸泡后置于平板上，用重物压平。

第二节 油漆用容器

（一）小提桶

图 4-34

用铁皮、镀锌铁皮或塑料制成，如图 4-34 所示。

规格：罐口直径为 125mm、150mm、180mm 和 200mm，可装涂料 0.75L、1L、1.5L 和 2.5L。

用途：盛装零散涂料。

保管：用毕后，应立即用相应的溶剂洗净，用苛性碱洗桶对铝制品有害；用火烧对焊缝有影响；塑料桶应免受热和用烈性溶剂清洗。

（二）桶钩

用钢丝弯成双钩，一端把铁桶挂在梯子凳上，以便腾出双手工作，如图 4-35 所示。

（三）提桶

用镀锌铁皮、橡胶或塑料制成，如图 4-36 所示。

规格：容量为 7L、9L 和 14L。

用途：盛装水、洗涤剂、胶和稀释剂等。

保管：塑料桶不能离火源太近。

（四）涂料盘

（1）金属或塑料的方盘，宽度以能容装辊筒为准，从 180～350mm 不等，如图 4-37（a）所示。

（2）带有铁丝提手的铁皮罐、铁皮槽或铁皮桶，铁皮侧稍高，盛装容量不超过 10L，如图 4-37（b）所示。

用途：盛装供辊筒用的涂料，并使辊筒上能均匀布满涂料。

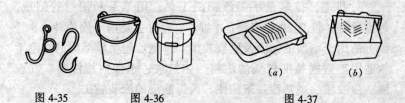

图 4-35　　　　图 4-36　　　　　　图 4-37

第三节　涂料、油漆的刷涂工具

一、刷涂工具种类

1. 鬃刷。鬃刷亦称油刷，一般用动物的鬃毛制作，以猪鬃居多，也有一些是用人造纤维制作的。鬃毛的规格按宽度划分，以英寸为单位有 1 英寸、1.5 英寸、2 英寸、4 英寸等。刷毛的长度以及刷毛的厚度因刷毛的宽度不同而不同。一般来说，鬃毛比较适合涂刷油漆。使用人造纤维为刷毛制成的刷子时，应注意不要让溶剂损坏刷毛。

2. 板刷。板刷有用羊毛制作刷毛的，亦称为羊毛刷。也有用人造纤维制作刷毛的，还有用羊毛与人造纤维混合制作刷毛的。板刷一般比鬃刷厚度小，一般用来涂刷水性涂料。板刷的规格按刷子的宽度划分，以英寸为单位，有 1 英寸、1.5 英寸、2 英寸、6 英寸等，如图 4-38～图 4-39 所示。

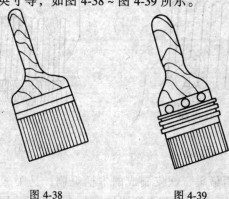

图 4-38　　　　图 4-39

3. 排笔。排笔是手工涂刷的工具,用羊毛和细竹管制成。每排可有4管至20管多种。4管、8管的主要用于刷漆片。8管以上的用于墙面的油漆及刷胶较多。排笔的刷毛较毛刷的鬃毛柔软适用于涂刷粘度较低的涂料,如粉浆、水性内墙涂料、乳胶漆、虫胶漆、硝基漆、聚酯漆、丙烯酸漆的涂装施工。

(1) 排笔的选择与保管　以长短度适度,弹性好,不脱毛,有笔锋的为好。涂刷过的排笔,必须用水或溶剂彻底洗净,将笔毛捋直保管,以保持羊毛的弹性,不要将其久立于涂料桶内,否则笔毛易弯曲、松散,失去弹性。

(2) 排笔的使用　涂刷时,用手拿住排笔的右角,一面用大拇指压住排笔,另一面用四指握成拳头形状,如图4-40所示。刷时要用手腕带动排笔,对于粉浆或涂料一类的涂刷,要用排笔毛的两个平面拍打粉浆,为了涂刷均匀,手腕要灵活转动。用排笔从容器内蘸涂料时,大拇指要略松开一些,笔毛向下,如图4-41所示。蘸涂料后,要把排笔在桶边轻轻敲靠两下,使涂料能集中在笔毛头部,让笔毛蓄不住的涂料流掉,以免滴洒。然后,将握法恢复到刷浆时的拿法,进行涂刷。如用排笔刷漆片,则握笔手法略有不同,这时要拿住排笔上部居中的位置。

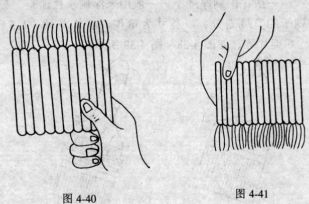

图4-40　　　　　　图4-41

4. 油刷是用猪鬃、铁皮制成的木柄毛刷,是手工涂刷的主要工具。油刷刷毛的弹性与强度比排笔大,故用于涂刷粘度较大的涂料，如酚醛、醇酸漆、酯胶漆、清油、调和漆、厚漆等油性清漆和色漆。

(1) 规格与用途 油刷按其刷毛的宽度分为 1/2 英寸、3/4 英寸、1 英寸、11/2 英寸、2 英寸、21/2 英寸、3 英寸、4 英寸等多种规格。1/2 英寸、1 英寸的用于一般小件或不易涂刷到的部位，11/2 英寸的多用于涂刷钢窗油漆，2 英寸的多用于涂刷木窗或钢窗油漆，21/2 英寸的除常用于木门、钢门油漆外，还用于一般的油漆涂刷。3 英寸以上的主要用于抹灰面油漆。按法定计量单位应以 cm 计量，但工作中已习惯于用英寸，如用 cm，应按 1 英寸 = 2.54cm 换算。

毛刷的选用按使用的涂料来决定。油漆毛刷因为所用涂料粘度高，所以使用含涂料好的马毛制成的直筒毛刷和弯把毛刷；清漆毛刷因为清漆有一定程度的粘度，所以使用由羊毛、马毛、猪毛混合制成的弯把、平形、圆形毛刷；硝基纤维涂料毛刷因硝基纤维涂料干燥快，所以需要用含涂料好，毛尖柔软的羊毛、马毛制作，其形状通常是弯把和平形。因为油漆粘度特别强，所以油漆毛刷要扁平用薄板围在四周。水性涂料毛刷因为需要毛软和含涂料好，所以用羊毛制作最合适，也可用马毛制作，形状为平形，尤其是要有足够宽度。图 4-42 所示为各种形状的毛刷。

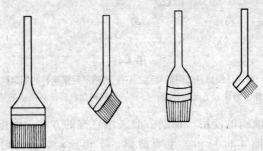

图 4-42

(2) 选择与保管 一要选毛口直齐、根硬、头软、毛有光泽、手感好；二是要无切剩下的毛及逆毛，将刷的尖端按在手上能展开,逆光看无逆毛;三是扎结牢固,敲打不掉毛。

刷子用完后,应将刷毛中的剩余涂料挤出,在溶剂中清洗两三次,将刷子悬挂在盛有溶剂或水的密封容器里,将刷毛全部浸在液面以下,但不要接触容器底部,以免变形,如图4-43所示。使用时,要将刷毛中的溶剂甩净擦干。若长期不用,必须彻底洗净,晾干后用油纸包好,保存于干燥处。

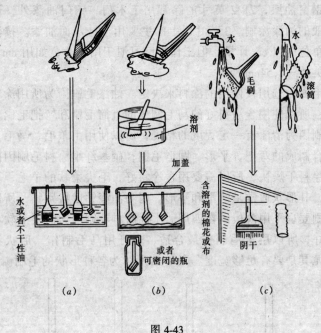

图4-43

(a)刷油性类涂料毛刷的处理;(b)刷硝基纤维涂料和紫虫胶调墨漆(清漆)毛刷的处理;(c)刷合成树脂乳剂涂料毛刷的处理

(3)油刷的使用 油刷一般采用直握的方法,手指不要超过铁皮,如图4-44所示。手要握紧,不得松动。操作时,手腕要灵活,必要时可把手臂和身体的移动配合起来。使用新刷时,要先把灰尘拍掉,并在11/2号木砂纸上磨刷几遍,将不牢固的鬃毛擦掉,并将刷毛磨顺磨齐。这样,涂刷时不易留下刷纹和掉毛。蘸油时不能将刷毛全部蘸满,一般只蘸到刷毛的2/3。蘸油

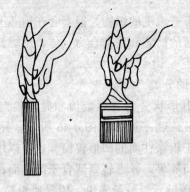

图 4-44

后,要在油桶内边轻轻地把油刷两边各拍一二下,目的是把蘸起的涂料拍到鬃毛的头部,以免涂刷时涂料滴洒。在窗扇、门框等狭长物体上刷油时,要用油刷的侧面上油,上满后再用油刷的大面刷匀理直。涂刷不同的涂料时,不可同时用一把刷子,以免影响色调。使用过久的刷毛变得短而厚时,可用刀削其两面,使之变薄,还可再用。

第四节 涂料、油漆的辊涂工具

(一)辊筒的构成

辊筒是由手柄、支架、筒芯、筒套等四部分组成的,如图4-45所示。手柄上端与支架相连,手柄的下端带有丝扣,可以与加长手柄相连接,加长手柄一般长2cm。有些辊筒的手柄不配加长手柄,施工时可以用长棍代替加长手柄,绑于辊筒的手柄上。辊筒的支架应有一定的强度,并具有耐锈蚀的能力。筒芯也要具有一定的强度和弹性,而且能够快速、平稳地转动。筒套的内圈为硬质的筒

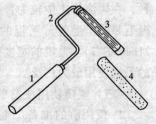

图4-45 辊筒
1—手柄;2—支架;
3—筒芯;4—筒套

套衬，外圈为带有绒毛的织物，筒套套在筒芯上，便可进行辊涂涂饰。有些辊筒的筒芯和筒套合为一体，用螺钉固定在支架上即可使用。

（二）辊筒的分类

1. 辊筒按其形状分为普通辊筒和异形辊筒。普通辊筒适合涂饰大面积的被涂物平面，如图4-46所示；异形辊筒的种类很多，有可以用于辊涂柱面的凹形辊筒，也可以用于辊涂阴角及凹槽的铁饼形辊筒等等。异形辊筒适合于涂装面积小、非平面的部位，如图4-47所示。但一般来说，用普通辊筒与刷子配套使用，也可满足涂饰施工要求。

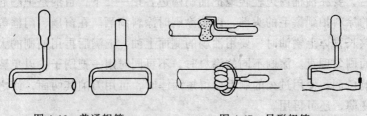

图4-46　普通辊筒　　　　图4-47　异形辊筒

2. 辊筒按筒套的种类可分为毛辊、海绵辊、硬辊、套色辊及压花辊等。毛辊用于涂饰比较细腻的涂料；海绵辊可以用于涂饰带有粗骨料的涂料或稠度比较大的涂料。硬辊、套色辊及压花辊等可以用于形成花纹的涂饰技术。毛辊是辊筒中最常见的一种，在辊涂施工中较为普遍。毛辊常用筒套材料有合成纤维、马海毛和羔羊毛等。毛辊的绒毛有短、中长、长、特长毛（长为21mm左右）。毛辊的宽度有1.5~1.8英寸各种规格，7~9英寸的毛辊使用最为广泛。

（三）辊筒使用注意事项

1. 使用前的准备。毛辊在使用前，要先检查辊筒是否转动自如，转速均匀；旧毛辊要检查绒毛是否蓬松，若有粘结应进行梳理，然后根据涂饰面的高低连接加长手柄。为方便毛辊的清洗，蘸料前要先用溶剂加以润湿，然后甩干待用。

2. 使用后的清洗。毛辊在使用后，要将辊筒上的涂料彻底清洗干净，特别要注意应将绒毛深处的涂料清洗干净，否则会使绒毛板结，导致辊筒报废。辊筒清洗干净后，应悬挂起来晾干，以免绒毛变形。

3. 用毛辊辊涂时，需配套的辅助工具——涂料底盘和辊网，如图 4-48、图 4-49 所示。操作时，先将涂料放入底盘，用手握住毛辊手柄，把辊筒的一半浸入涂料中，然后在底盘上滚动几下，使涂料均匀吃进辊筒，并在辊网上滚动均匀后，方可滚涂。

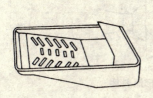 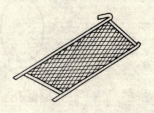

图 4-48　涂料底盘　　　　图 4-49　涂料辊网

4. 辊筒的存放。辊筒应在干燥的条件下存放，纯毛的辊筒要注意防虫蛀；合成纤维或泡沫塑料的辊筒要注意防老化。

第五节　油漆的擦涂工具材料

木材表面擦色用材料有细软木刨花、竹丝、棉丝团、尼龙丝团、包布棉花团、纱布、软布等，如图 4-50 所示。建筑涂料的涂具有矩形涂料擦，涂料擦装有手柄，手柄可以加长，如图 4-51 所示。用于不易涂刷部位的擦涂工具有手套形涂料擦，手套形涂料擦采用去毛的羊羔皮制作，内衬防止涂料渗入的塑料衬，可以方便地擦涂铁栏杆、暖气片及水管等部位，如图 4-52 所示。

其他还有木提桶、铁皮、直尺、油勺、漏斗、线袋、线坠、刻刀、卷尺、画线笔等，这里不在一一赘述。

图 4-50 擦涂工具

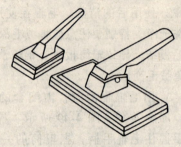

图 4-51 矩形涂料擦

图 4-52 手套形涂料擦

第六节 喷涂用喷枪

一、喷枪的种类

（一）按混合方式分

按照涂料与压缩空气的混合方式不同分为内部混合型和外部混合型两种喷枪，如图 4-53 所示。

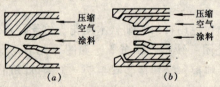

图 4-53 混合方式
(a) 内部混合型；(b) 外部混合型

1. **内混式喷枪**：涂料与空气在空气帽内侧混合，然后从空气帽中心孔喷出扩散、雾化。适用于高粘度、厚膜型涂料，也适用于胶粘剂、密封胶等。

2. 外混式喷枪：涂料与空气在空气帽和涂料喷嘴的外侧混合。适宜于粘度不高、易流动、易雾化的各种涂料。

（二）按涂料供给方式分类

按供给方式分吸上式、重力式和压送式三种喷枪，如图4-54所示。

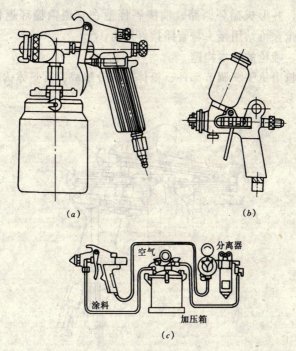

图4-54 喷枪种类

(a) 吸上式喷枪；(b) 重力式喷枪；(c) 压送式喷枪

1. 吸上式喷枪。吸上式喷枪是靠高速喷出的压缩空气，使喷嘴前端产生负压，将涂料吸出并雾化。其涂料喷出量受涂料粘度和密度影响较大，且与喷嘴的口径有直接关系。吸上式喷枪适用于小批量非连续性生产及修补漆使用。

2. 重力式喷枪。重力式喷枪涂料靠其自身的重力与喷嘴前端负压的作用,涂料与空气混合雾化。这种喷枪的涂料罐均较小,适用于涂料用量少与换色频繁的作业场合。

(1) 从外置的压缩空气增压罐供给涂料,增压罐的容积,可根据生产用量选用,一般常用20~100L的压力罐。

(2) 靠小型空气压力泵从涂料罐泵出涂料,直接供给喷枪。

(3) 输漆系统,由调漆间将涂料粘度调好,用泵向输漆管道内输送,并形成循环回路,油漆不停地在管道内循环返回供漆罐。喷枪在枪站用接头与管路接好即可。

二、喷枪的基本构造

喷枪由枪头、调节部件、枪体三部分组成,其整体构造,如图4-55所示。

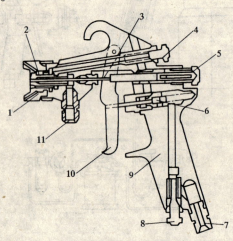

图4-55 喷枪整体构造

1—空气帽;2—涂料喷嘴;3—针阀;4—喷雾图形调节旋钮;5—涂料喷出量调节旋钮;6—空气阀;7—空气管接头;8—空气量调节装置;9—枪身;10—扳机;11—涂料管接头

枪头:枪头由空气帽、喷嘴、针阀等组成。

(一) 涂料喷嘴

涂料喷嘴易被喷出的涂料磨损，一般都采用合金制作，并进行热处理。为适应不同喷涂要求，喷嘴的口径有 0.5mm、0.7mm、0.8mm、1.0mm、1.2mm、1.3mm、1.5mm、1.6mm、2.0mm、2.5mm、3.0mm、4.0mm、5.0mm 等多种规格，一般常用的是 0.8～1.6mm。口径为 0.5～0.8mm 的适用于着色剂、虫胶等易雾化的低粘度涂料，0.8～1.6mm 适用于硝基漆、合成树脂漆等；2.0～2.5mm 适用于塑料溶胶、防声浆等粒粗粘稠的涂料。口径越大，喷出的涂料就越多，如果空气压力不够，雾化粒子就变粗。同样，口径吸上式比压送式的喷枪喷出的涂料少，一般选用吸上式喷枪时，喷嘴口径应选稍大一些的。

（二）针阀

涂料喷嘴的内壁呈现针状，它与枪针组成针阀。当扣动扳机使枪针后移，喷嘴即打开，涂料喷出。喷嘴与枪针闭合时，应配合严密，涂料不应泄漏。

（三）空气帽

在空气帽上有喷出压缩空气的中心孔、侧面孔和辅助空气孔。根据其作用不同，这些孔的位置、数量与孔径都各有差异。空气帽、喷嘴和枪针是配套的，不能任意组合使用。空气帽有少孔型和多孔型两种。

少孔型的有中心孔一个，两角部各有一个角部孔，如图 4-56 (a) 所示。中心与涂料喷嘴应该是同心圆，它的间隙为 0.15～0.3mm，使涂料形成圆形的喷雾图样，两侧面角部孔喷出的压缩空气对呈圆形的喷雾图样起压扁的作用，而呈现椭圆形。

多孔型的空气帽如图 4-56 (b) 所示。角孔部的周围有多个对称布置的辅助空气孔，这些孔喷出的压缩空气使空气帽喷出的空量与压力均衡。协助调节喷雾图样大小并保持稳定，促进涂料雾化较细且分布均匀，并使涂料喷嘴周围不易积存涂料等。多孔型空气帽的空气孔数有 5 个、7 个、9 个、11 个、13 个、15 个等多种。选用何种喷气帽的喷枪，应根据被涂物的大小、形状、产量、涂料的种类、压缩空气供给量和压力大小、涂料的供给方

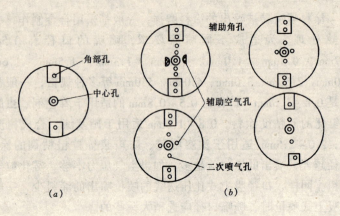

图 4-56 空气帽的种类及孔的布置
(a) 少孔型；(b) 多孔型

式，涂膜的外观质量要求等综合考虑。

三、调节位置

(一) 空气量的调节装置

旋转喷枪手柄下部的空气调节螺栓，就可以调节器头喷出的空气量和压力。一般喷枪前的空气管路上都装有减压阀，用于调整合适的喷涂空气压力。

(二) 涂料喷出量的调节装置

旋转枪针末端的螺栓就可以调节涂料喷出的大小。扣动扳机枪针后移，移动距离大，喷出的涂料就多；移动距离小，喷出的涂料就少。压送式喷枪除调整喷枪自身调节螺栓外，还要调节压送涂料的压力。

(三) 喷雾图样的调节装置

旋转喷枪上部的调节螺栓就可以调节空气帽侧面空气孔的空气流量。关闭侧面空气孔，喷雾图样呈圆形；打开侧面空气孔，喷雾图样就变成椭圆形，随着侧面空气孔的空气量增大，涂料雾化的扇形喷幅也变宽。

(四) 枪体

枪体除支承枪头和调节装置外，还装有扳机和各种防止涂料、压缩空气泄漏的密封件。扳机构造采用分段喷出的机构。当扣动扳机时先驱动压缩空气阀杆后移,压缩空气先喷出;随着扳机后移,涂料阀杆后移,涂料开始喷出。当松开扳机时,涂料阀先关闭,空气阀后关闭。这种分段机构,使喷出的涂料始终保持良好的雾化状态。喷枪上涂料和压缩空气的密封件要保持良好的密封性,否则将影响喷涂质量。

四、喷枪的维护

(一)喷枪使用后应立即用溶剂洗净,不要用对金属有腐蚀作用的清洗剂。

吸上式和重力式喷枪的清洗方法为:先将用剩下的涂料排净,再往涂料杯或罐中加入少量溶剂,先像喷漆一样喷吹一下,再用手指堵住喷头,扣动扳机,使溶剂回流数次,将涂料通道清洗干净。

压送式喷枪的清洗方法为:先将涂料增压罐中空气排放掉,再用手指堵住喷头,扣动扳机,靠压缩空气将胶管中的涂料压回涂料罐中,随后用通溶剂洗净喷胶管,并用压缩空气吹干。在装有熔剂供给系统装置时,可将喷枪从快换接头上取下,装到溶剂管的快换接头上,扣动扳机用溶剂将涂料冲洗干净。

(二)空气帽、喷嘴、枪体的冲洗

用毛刷蘸溶剂洗净喷枪空气帽、喷嘴及枪体。当发现堵塞现象时,应用硬度不高的针状物疏通,切不可用钢针等硬度高的东西疏通,以免损伤涂料喷嘴和空气帽的空气孔。

(三)暂停喷涂,喷枪的处理

暂停喷涂时,应将喷枪头浸入溶剂中,以防枪头粘附的涂料干固,堵住涂料和空气通道。但不能将喷枪全部浸泡在溶液剂中,这样会损坏喷枪各部位密封垫,造成漏气、漏漆的现象。

(四)喷枪的检验

经常检查喷枪的针阀、空气阀等密封部件的密封垫,如发现泄露要及时进行维修或更换。

（五）喷枪的维护

（六）喷枪使用中注意事项

枪针部、空气阀部的弹簧及其他螺纹应适当涂些润滑油，以防生锈，使其利于滑动并保证活动灵活。在使用时注意不要让喷枪与工件碰撞或掉落在地面上，以防喷枪损伤而影响使用。喷枪不要随意拆卸。拆卸和组装喷枪时，各调节阀芯应保持清洁，不要粘附灰尘和涂料；空气帽和涂料喷嘴不应有任何碰伤和擦伤。喷枪组装后应保持各活动部件灵活。

第七节 梯　子

梯子是涂裱工常用工具：人字梯又称高梯。最好用杉木制作，因杉木质轻而不易断裂。也可以使用市面上常用铝合金制造的合梯。

合梯一般分为5档、7档、9档、11档等多种。每档相距30~35cm。门窗、墙面油漆都使用5~7档，9档以上为特殊需要专用的。5~7档的最高一档是最好的木料，装合页并合起来操作时可以把工具、油桶等物挂在上面，比较放便，但要防止坠落，避免发生事故。9档以上的合梯的最高一档一般多用锻铁制作。

合梯的使用应注意以下各点：

1. 合梯自下往上第二档要用麻绳系牢，两面拉住，防止蹬开。

2. 在打过蜡的地板上工作时，要用布包住合梯四脚，防止滑倒。

3. 用两个合梯搭跳板（脚手板）施工时，跳板不能放在最高一档上，以防翻倒。

4. 放置合梯时，要四脚放平、放稳，不能有摇动或三脚着地、一脚悬空的现象出现。合梯与地面的夹角不能超过60°，也不能小于40°。角度过大，合梯不稳，角度过小，合

图 4-57 人字梯使用示意图

(a) 正确的站法；(b) 不正确的站法；(c) 合适档数

梯容易蹬开。

5. 单个合梯的最高有效使用档数，是从上向下的第三档，如图 4-57（c）所示。人在合梯上必须成两脚跨骑式，如图 4-57（a）所示，而不能如图 4-57（b）所示。

折叠式脚手架和跳板：

大面积涂刷或多遍涂刷时，可用专门的折叠式脚手架附设跳板，使用方便灵活。折叠式脚手架如图 4-58 所示。使用要点与合梯相同。

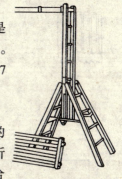

图 4-58 折叠式脚手架

第八节 裱糊壁纸常用工具

1. 活动裁纸刀。刀片可伸缩，多节、用钝后可截去使用安全方便。

2. 油漆铲刀。作清除墙面浮灰，嵌批、填平墙面凹陷部分用。

3. 刮板。用于刮、抹、压平壁纸，可用薄钢片自制，要求表面光洁，富有弹性，厚度以 1~1.5mm 为宜。

4. 不锈钢或铝合金直尺。用于量尺寸和切割壁纸时的压尺，尺的两侧均有刻度，长 80cm，宽 4cm，厚 0.3~1cm。

裱糊壁纸使用工具如图 4-59 所示。

裱糊操作台案如图 4-60 所示。

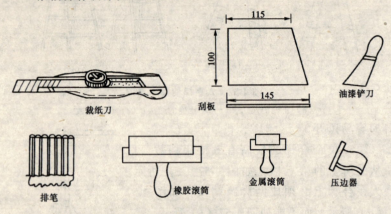

图 4-59 裱糊壁纸使用工具

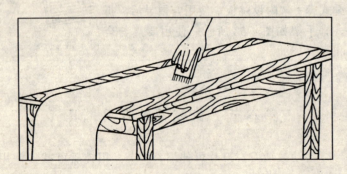

图 4-60 裱糊操作台案

第九节 裁装玻璃用工具

裁装玻璃时需用以下几种工具：

1. 工作台。一般用木料制成，台面大小根据需要而定，有 1m×1.5m、1.2m×1.5m 或 1.5m×2m 几种。为了保持台面平整，台面板厚度不能薄于 5cm。

裁划大块玻璃时要垫软的绒布，其厚度要求在 3mm 以上。

2. 玻璃刀子。又称金钢钻。一般分为划厚度为 2～3mm 和 4～6mm 玻璃等不同规格。

3. 直尺、木折尺用木料制成。直尺按其大小及用途分为：5mm×40mm，专为裁划 4～6mm 的厚度玻璃用；12mm×12mm，专为裁划 2～3mm 厚玻璃用；5mm×30mm 长度 1m 以内，专为裁划玻璃条用。木折尺用来量取距离，一般使用 1m 长的木折尺。

4. 钢丝钳。扳脱玻璃边口狭条用。

5. 毛笔。裁划 5mm 以上厚的玻璃时抹煤油用。

6. 刨刃或油灰锤。安装玻璃时敲钉子和抹油灰用。

7. 木把铁锤。开玻璃箱用。

8. 铲刀即油灰铲。清理灰土及抹油灰用。

9. 圆规刀。裁割圆形玻璃用，如图 4-61 所示。

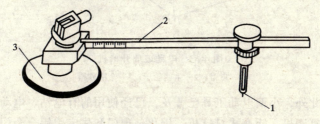

图 4-61 圆规刀
1—金刚钻头；2—尺杆；3—底吸盘

10. 手动玻璃钻孔器。在玻璃上钻孔时使用，如图 4-62 所示。

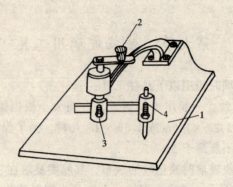

图 4-62　手动玻璃钻孔器
1—台板面；2—摇手柄；3—金刚石空
心钻固定处；4—长臂圆划刀

11. 电动玻璃开槽机。用于玻璃开槽，如图 4-63 所示。

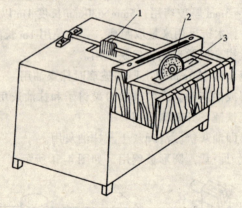

图 4-63　电动玻璃开槽机
1—皮带；2—生铁轮子；3—金刚砂槽

此外，小型电动工具已普及，已经使用的有电钻、电动螺钉刀、打磨机、活塞式打钉机。钢化玻璃门和住宅用铝合金门窗的安装作业，还要使用线坠、水准仪、8 线、比例尺、角尺（曲尺）等测量器具和抹子、活动扳手、锉刀、杠杆式起钉器、油壶等。油灰、油性嵌缝材料、弹性密封材料等填充材料作业所采用的工具有密封枪，还有保护用的遮盖纸带，装修用的竹刀。密封枪有把嵌缝材料装入筒夹再装进去使用的轻便式和液体嵌缝材料填充到枪里用的两种。大规模作业时还有用压缩空气挤出的形式。

另外，随着平板玻璃的大型化，开发了安装在叉车、起重机、提升机上联动使用的吸盘，如图4-64～图4-65所示。

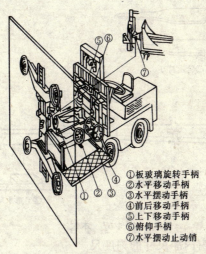

①板玻璃旋转手柄
②水平移动手柄
③水平摆动手柄
④前后移动手柄
⑤上下移动手柄
⑥俯仰手柄
⑦水平摆动止动销

图 4-64 玻璃施工机械（一）

玻璃施工手工工具

工具名称：玻璃刀①～③，如图4-66所示。

用途：用于平板玻璃的切割。

工具名称：木尺①～②，如图4-67所示。

用途：切割平板玻璃时使用。

工具名称：刻度尺①～⑤，如图4-68所示。

折尺、卷尺、直尺、角尺（曲尺）

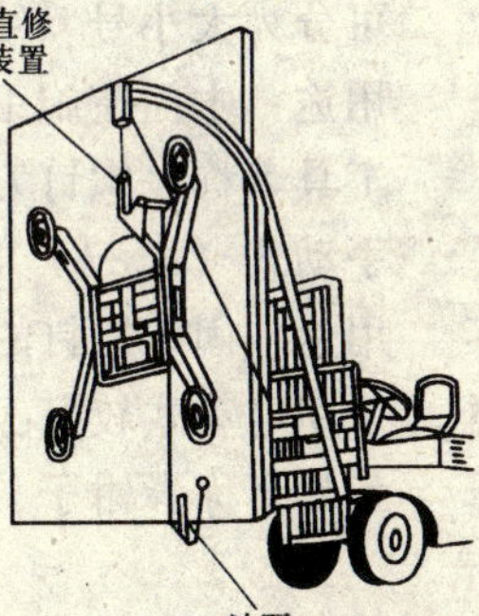

图 4-65 玻璃施工机械（二）

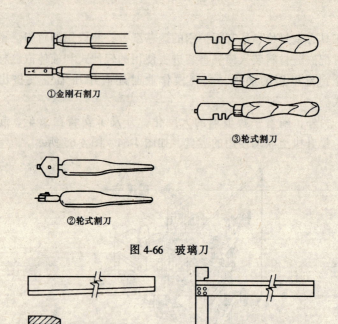

图 4-66 玻璃刀

图 4-67 木尺

尺量规、测定窗内净尺寸的刻度尺

用途：施工中为了划分尺寸和切割玻璃时确定尺寸用。

工具名称：腻子刀（油灰刀）又名刮刀，如图 4-69 所示。

可分为大小号

用途：木门窗施工时填塞油灰用。

工具名称：螺钉刀，如图 4-70 所示。

手动式（a、b）电动式

用途：固定螺钉的拧紧和卸下时使用，特别是铝合金窗的装配，采用电动式较好。

工具名称：钳子，端头部分是尖头和鸟嘴状，如图 4-71 所示。

用途：主要是 5mm 以上厚度玻璃的裁剪和推拉门滑轮的镶嵌使用。

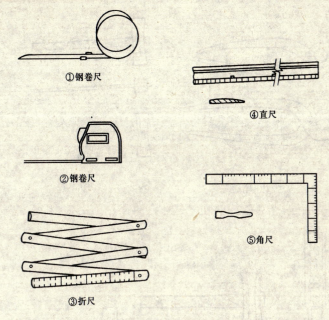

① 钢卷尺
② 钢卷尺
③ 折尺
④ 直尺
⑤ 角尺

图 4-68 刻度尺

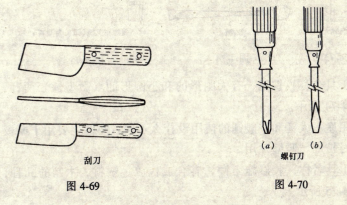

刮刀

图 4-69

(a) (b)
螺钉刀

图 4-70

工具名称：油灰锤，如图 4-72 所示。
用途：木门窗油灰施工时，敲入固定玻璃的三角钉时使用。
工具名称：挑腻刀，如图 4-73 所示。
用途：带油灰的玻璃修补时铲除油灰用。

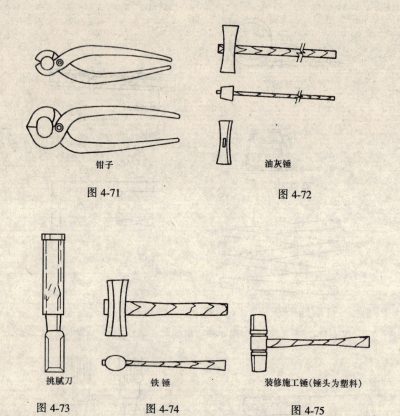

图 4-71　　　　　　　图 4-72

图 4-73　　图 4-74　　　图 4-75

工具名称：铁锤，有大圆形的和小圆形的（微型锤）两种，如图 4-74 所示。

用途：大锤和一般锤的使用没什么不同。小锤主要用于厚板切断时扩展"竖缝"用。

工具名称：装修施工锤，有合成橡胶、塑料、木制的几种，如图 4-75 所示。

用途：铝合金窗部件等的安装和分解时使用。

工具名称：密封枪（嵌缝枪），有把包装筒放进去用的和嵌缝材料装进枪里用的两种，如图 4-76 所示。

用途：小规模和大规模密封作业用。

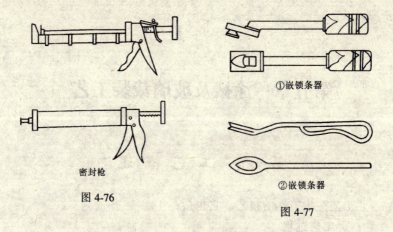

①嵌锁条器

密封枪

图 4-76

②嵌锁条器

图 4-77

工具名称：嵌锁条器①~②，如图 4-77 所示。
用途：插入衬垫的卡条时使用。
工具名称：钳（剪钳），如图 4-78 所示。
用途：卷边、沟槽、衬垫的卡条等切断时使用。

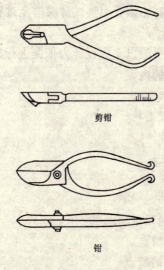

剪钳

钳

图 4-78　钳（剪钳）

第五章 涂裱及玻璃裁装工艺

第一节 工艺概述

"工艺"指工作的技艺。它包括:
一、工艺过程
直接改变原材料毛坯的形状、尺寸和性质,使之成为半成品或成品的一部分的生产过程。它是生产(施工)过程中最为重要的一部分。装饰涂料施工工艺过程包括基底处理、面料(涂料)、辅料的配制选择适当的涂饰手段,利用自身的粘结力,使涂料能够牢固的与基底材料相结合而形成薄膜的全过程。
二、"工艺设计"
装饰工艺设计一般以室内设计为依据进行施工的深化设计。
三、涂饰工艺的内容
(一)材料要求
(二)主要施工工具
(三)作业条件
(四)操作方法
(五)质量要求
(六)成品保护
(七)应注意的质量问题
四、涂饰工艺特点
装饰施工工艺的特点

1. 流动性。它不像工厂生产那样有固定的设备,有适宜的温度和照明以及净化空气可以保证产品质量。

2. 附着性。建筑物涂饰位置有高有低，特别是外墙涂饰，要随着不同基底确定涂饰工艺（需要工艺设计）；要根据不同部位改变操作姿势。涂饰工艺的附着性与其他材料不同。石材可以采用砂浆、胶粘剂、干挂件连接。壁纸可以利用胶粘。瓷砖可以利用砂浆作中间层。涂料是利用自身或腻子的粘结力直接与基底结合，通过挥发溶剂而形成薄膜，完成成品作业。涂料从某种意义上来说，它不是材料而是原料，在施用过程中要经过调配，而其他饰面材料出厂已是半成品，施工时只要改变形状即可。

由于涂饰作业要因工程而宜，因此操作需要随时改变作业姿势。

涂饰作业分平视作业、仰视作业、俯视作业、高空作业（借助架子和梯子）、站立作业、横跨作业、匍匐作业、蹲跨作业。不论什么姿势，手的力量不能减弱，这就是涂饰作业与其他饰面不同之处。

3. 兼容性。涂饰时遇到不同材料在同一作业面上，这是涂饰作业的最困难点，尤其是两种不同材料的拼缝。比如，抹灰面与石膏板面相拼，拼缝处理尤其困难，事先都要作出试验再编写施工工艺。

4. 单一性。涂饰工程属一次性作业，所用机具、工具、容器都要随时清洗。

五、工艺规程

工艺规程就是把施工工艺过程的内容写成文件即为工艺规程。装饰施工规范、装饰施工的方法、顺序和技术条件的规定，是装饰施工作业的重要依据。装饰施工工艺规范是由国家或地方统一编制发布的。本章第六节将对涂饰施工工艺做详细介绍。

第二节 涂料施工操作入门"八法"

涂料工程是十分复杂的施工过程，它自身没有固定的形体，随基底形态变化而成膜。在学习具体涂饰工艺之前，首先要练习基本操作手法，只有掌握了基本操作手法，才能学习专项工艺。基本操作方法可以归纳为八个字，即："检"、"调"、"刮"、"磨"、"擦"、"刷"、"喷"、"滚"，这八个字可以说是新工人必须练就的入门技法。下面逐字进行介绍。

一、"检"

就是对需要涂饰的建筑物体进行检查。在工程施工过程中，涂裱工可以说是一个对基底工程进行全面检查的工种，是对前道工序质量的验收工作。是工程施工的终端工程。他的产品不像石材、瓷砖、铝塑板等装饰材料，对基底可以起遮盖作用。涂料是液体材料，涂膜很薄，特别是清漆，要求能将基底花纹透明。所以说凡是进行涂饰施工的基底材料不能有丝毫疵点，哪怕是一个细小的钉眼。因此，必须进行全面而细致的检查处理。

检查的重点：阴阳角、凹凸处、洞眼、钉子、毛刺、尘土、污染。检查同时要随身携带工具，如钳子、铲刀、刷子、棉丝等。随手将钉子拔掉，用砂纸将毛刺打平，用铲刀将污染物铲除，最后用旧布或棉丝将基底擦拭干净，不留尘土。

检查顺序：对房间墙面检查应该有一名高级工先行观察四个阴角和阳角是否垂直，墙面踢脚有无缺陷。对门框、门扇检查主要是木材的缺陷、拼缝、棱角等，做到心中有数。

"检"的方法：目测、手感、量具量、铲刀铲。要求：全面、彻底、无遗漏。

涂施前检查要领分别如图 5-1～图 5-3 所示。

二、"调"

调配腻子是涂裱工基本功之一。

腻子是涂料施工中不可缺少的材料，常由涂料生产厂配套生产供应，而且品种很多。使用时，应尽量选用现成的配套腻子，但在装饰施工中，也常常根据具体施工条件和对象，自行配制一些腻子。

（一）常用腻子的配方

常用腻子配方见表 5-1。

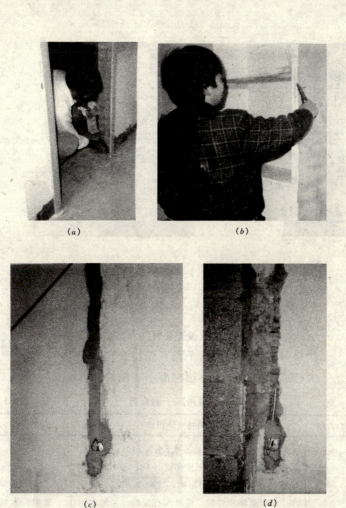

图 5-1 检查要领（一）

涂料饰面好不好，清查底子最重要；
遇到孔洞要剔净，有了钉子要拔掉。
旧墙埋管要剔凿，补缝处理应赶早；
表面不平需打磨，既要平整又要牢。

(a)　　　　　　　　(b)

图 5-2　检查要领（二）

涂裱师傅责任大，横平竖直先检查；
大杠靠尺加吊线，不达标准不接纳。

几种常用腻子的配方　　　　表 5-1

腻子名称	配比及调制（体积比）	透用对象
石膏腻子	1. 石膏粉:熟桐油:松香水:水 = 16:5:1:4～6，另加入熟桐油和松香水总重量的 1%～2% 的液体催干剂（室内用）。配制时，先将熟桐油、松香水、催干剂拌和均匀，再加入石膏粉，并加水调和 2. 石膏粉:干性油:水 = 8:5:4～6，并加入少量煤油（室外和干燥条件下使用） 3. 石膏粉:白铅油:熟桐油:汽油（或松香水）= 3:2:1:0.7（或 0.6）	金属、木材及刷过油的墙面
水粉腻子	大白粉:水:动物胶:色粉 = 14:18:1:1	木材表面刷清漆、润水粉

续表

腻子名称	配比及调制（体积比）	透用对象
油胶腻子	大白粉:动物胶水（浓度6%）:红土子:熟桐油:颜料 = 55:26:10:6:3（重量比）	木材表面油漆
虫胶腻子	虫胶清漆:大白粉:颜料 = 24:75:1（重量比），虫胶清漆浓度为15%~20%	木器油漆
清漆腻子	1. 大白粉:水:硫酸钡:钙脂清漆:颜料 = 51.2:2.5:5.8:23:17.5（重量比） 2. 石膏:清油:厚漆:松香水 = 50:15:25:10（重量比），并加入适量的水 3. 石膏:油性清漆:着色颜料:松香水:水 = 75:6:4:14:1（重量比）	木材表面刷清漆
红丹石膏腻子	酚醛清漆（FO1-2）:石膏粉:红丹防锈漆（F53-2）:红丹粉（Pb_3O_4）:200号溶剂汽油:灰油性腻子:水 = 1:2:0.2:1.3:0.2:5:0.3	黑色金属面填刮
喷漆腻子	石膏粉:白铅油:熟桐油:松香水 = 3:1.5:1:0.6，加适量水和催干剂（为白铅油和熟桐油总重量的1%~2.5%），配制方法与石膏腻子相同	物面喷涂
聚醋酸乙烯乳液腻子	用聚醋酸乙烯乳液加填充料（滑石粉或大白粉）拌和，配比为聚醋酸乙烯乳液:填充料 = 1:4~5。加入适量的六偏磷酸钠和羧甲基纤维素，可防止龟裂	抹灰墙面刷乳胶漆
大白浆腻子	大白粉:滑石粉:纤维素水溶液（浓度5%）:乳液 = 60:40:75:2~4	混凝土墙面喷浆
浆活修补石膏腻子	石膏:乳液:浓度5%的纤维素水溶液 = 100:5~6:60	混凝土墙面浆活修补
内墙涂料腻子	大白粉:滑石粉:内墙涂料 = 2:2:10	内墙涂料

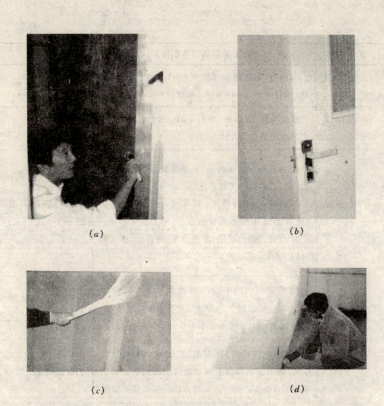

图 5-3 检查要领（三）

遇到小洞要补平，五金配件保护定；

小处擦净大处扫，干净整洁往下操。

（二）调配腻子的材料选用

腻子的成分可分为填料、固结料、粘着料和水。腻子中的填料能使腻子具有一定的稠度和填平性。一般化学性质稳定的粉质材料，都可作填料。几种填料在应用上的区别：大白粉腻而松，易糊砂布，油分大了打磨不动，油分小了松散无力。滑石粉硬而滑，粗磨容易细磨难，细磨易磨光不易磨平。经烘烤的滑石粉性能强于其他填料。石膏硬而脆，适合填充厚层。极薄层的腻子打磨不平，总有毛茬，不适于涂膜表面。碳酸钙多用作填料。

能把粉质材料结合在一起，并且能干燥固结变坚硬的材料，都可作固结料。水性腻子的固结料能被水溶解，如蛋清、面料、动植物胶类，此类腻子不耐水、易着色，可用于木器家具填平或着色。而油性腻子的固结料为油漆或油基涂料，其坚韧性好，耐水。

腻子中的粘着料能使腻子有韧性和附着力。凡能增加韧性并能使腻子牢固地粘着在物面上的材料，都可作粘着料。如桐油、油漆、干性油、二甲苯等，调配腻子所用的油漆，不一定用好料，一般无硬渣就可，如桶底子、混色的油漆，经过滤后都可作粘着料使用。

调配腻子所用的各类材料各具特性，要适当选用并注意调配方法。尤其是油与水之间的关系，两者不能相互溶解，处理不好，就会产生多孔、起泡、难刮、难磨等现象，应予以注意。

（三）调配腻子的方法

在调配腻子时，首先把水加到填料中，占据填料的孔隙，减少填料的吸油量，有利于打磨。加水量以把填料润透八成为好，太多，若吸至饱和状态再加油，则油水分离，使腻子不能连成一体失掉粘着力而无法使用。为避免油水分离，最后再加一点填料以吸尽多余的水分。

配石膏腻子时，应油、水交替加入。这是因为石膏遇水，不久就变硬，而光加油会吸进很多油且干后不易打磨。交替加入，油、水产生乳化反应，所以刮涂后总有细密的小气孔。这是石膏腻子的特征。

将填料、固结料、粘着料压合均匀，装桶后用湿布盖好，避免干结。如是油性腻子，在基本压合均匀后，逐步加入 200 号溶剂汽油或 200 号溶剂汽油与松节油的混合物，不要单独使用松节油。压合成比施工适用稠度稍稀些，装桶加水浸泡，以防干结。由于 200 号溶剂汽油能稀释油，油经 200 号溶剂汽油长期稀释会降低粘着性，所以使用 200 号溶剂汽油调稀后的腻子放过几日后，会出现调得越稀越发脆的现象。为此，油性腻子使用前要尽量少兑稀料，用时再调稀较好。

市场销售的腻子，是经过研究用多种材料轧制而成的。在一般使用范围内，质量比自调的简易腻子稳定，在没有把握的情况下不宜随意改动。

调配腻子的要领如图5-4所示。

(a)　　　　　　　　　(b)

图5-4　调配腻子要领

石膏天性有特征，遇水便把块结成；
油水交替往里加，乳化反应定正常。
油性腻子压合后，可加200号溶剂油（汽油）；
为防降低粘结性，加兑稀料少为优。
调配腻子有诀窍，先将清水注填料；
一是填料吸油少，二是打磨更轻巧。

三、"刮"

刮腻子是一项重要操作手法。

先补、填洞、嵌缝、补棱角、找平，再刮（批）。一个墙面根据操作者身高分几段施工。

一般分三段刮批腻子。刮板挖腻子略带倾斜，由下往上刮约

0.8~1m。再翻手同一位置向下刮扳成90°刮，要用腕力，尽量将腻子刮薄，达到墙面平整为宜。

多数人刮批腻子采用弧形线路，不仅刮不平也浪费腻子。

刮批腻子要领如图5-5~图5-8所示。

图5-5　刮批腻子要领（一）

刮批腻子一二三，板缝先要贴绷带；
小洞小缝先填补，结合部位要细耐。

图5-6　刮批腻子要领（二）

批刮腻子力要到，基底结合才牢靠；
孔洞填补要捻进，上下来回走一遭。

四、"磨"

磨砂纸的目的是使基底平光，以保证面层质量，磨砂纸要讲究不同部位的不同手法、砂纸的折叠、'握砂纸的技巧等。

(a) (b)

图 5-7 刮批腻子要领（三）

墙面腻子要批好，由下往上带斜角；
翻手用力往下刮，又平又光不留毛。

(a) (b)

图 5-8 刮批腻子要领（四）

南北技术互相交，刮板抹子任意挑；
圆弧批刮不可取，又费工时又费料。

折叠砂纸：一张砂纸应该折叠成四小张，砂面要向内，使用时再翻开叠。

握砂纸：要保证砂纸在手中不移动脱落，应该是手指三上两下,将砂纸夹住抽不动为佳。

磨砂纸应该根据不同部位采用不同姿势进行,以保证不磨掉棱角为佳(附各种打磨姿势图)。

木材面打磨砂纸要遵循顺木纹的原则。

大面平磨砂纸应该由近至远,手掌两块肌肉紧贴墙面。当砂纸往前推进时,掌心两股肌肉可以同时起到检查打磨质量,做到磨检同步,既节省时间、减少工序又可立即补正。

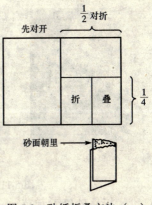

图 5-9 砂纸折叠方法(一)

砂纸折叠方法如图 5-9~图 5-10 所示。

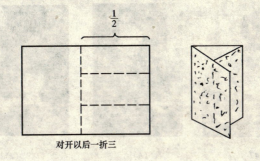

图 5-10 折叠砂纸方法(二)

砂纸折叠砂朝里,装进口袋不磨衣;
使用之时再打开,磨完一面换一面。
折叠砂纸要领如图 5-11~图 5-12 所示。
磨砂纸要领如图 5-13~图 5-15 所示。

五、"擦"

擦揩包括清洁物件、修饰颜色、增亮涂层等多重作用。

(一)擦涂颜色

掌握木材面显木纹清水油漆的不同上色的揩擦方法(包括润

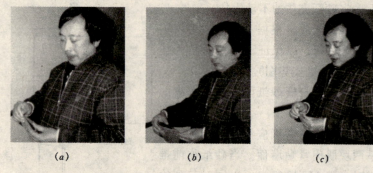

(a) (b) (c)

图 5-11 折叠砂纸要领（一）

折叠砂纸看示范，一张砂纸先对开，

二分之一再对折，四分之一叠起来。

(a) (b) (c)

图 5-12 折叠砂纸要领（二）

砂纸折叠不死板，对开以后一折三；

磨光一面再变换，也可使用夹纸板。

油粉、润水粉揩擦和擦油色），并能做到快、匀、净、洁四项要求。

快：擦揩动作要快，并要变化揩的方向，先横纤维或呈圆圈状用力反复揩涂。设法使粉浆均匀地填满实木纹管孔。匀：凡需着色的部位不应遗漏，应揩到揩匀，揩纹要细。如遇木制品表面有深浅分色处，要先擦揩浅色部分再擦揩深色部分。要根据材质情况及吸色程度，掌握擦揩力度。木质疏松及颜色较深要擦揩重

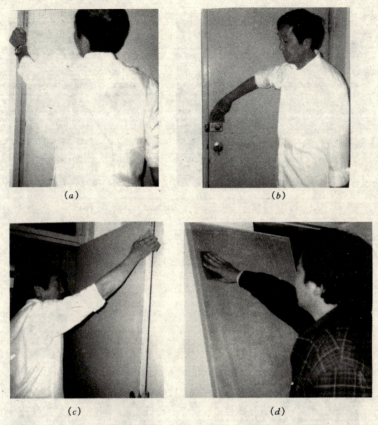

图 5-13 磨砂纸要领（一）

细部打磨要精细，边线打磨保棱线；

小边部位打磨好，最后再磨大平面。

些，反之则轻些。洁净：擦揩均匀后，还要用干净的棉纱头进行横擦竖揩，直至表面的粉浆擦净，在粉浆全部干透前，将阴角或线角处的积粉，用剔脚刀或剔角筷剔清，使整个物面洁净、水纹清晰、颜色一致。

具体操作方法是，要先将色调成粥状，用毛刷呛色后，均刷一片物件，约 $0.5m^2$。用已浸湿拧干的软细布猛擦，把所有棕眼

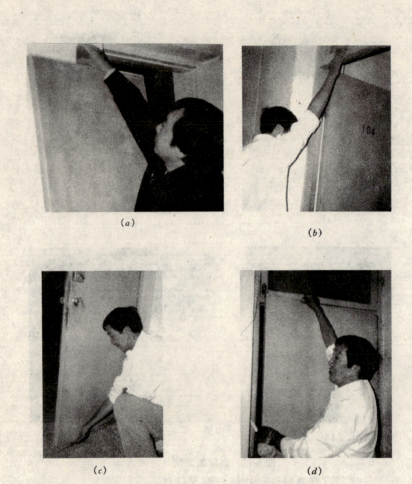

图 5-14 磨砂纸要领（二）

　　三分油漆七分砂，顺着木纹细细擦；

　　明面部位不放过，隐蔽部位不漏擦。

腻平，然后再顺着木纹把多余的色擦掉，使颜色均匀、物面平净。在擦平时，布不要随便翻动，要使布下成为平底。布下成平底的指法如图 5-16 所示。颜料多时，将布翻动，取下颜料。总的速度要在 2～3min 内完成。手下不涩，棕眼擦不平。颜料已半干，再擦就卷皮。擦完一段，紧接着再擦下一段，间隔时间不要

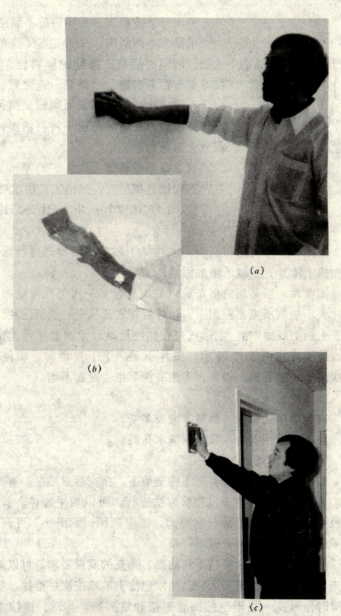

图 5-15 磨砂纸要领（三）

图5-16 布下成平底的指法

平面打磨走稳当,步步向前不漏网;
借助掌心两肌肉,又当支点又验光。

太长。间隔时间长,擦好的颜料已干燥,接茬就有两色痕迹,全擦完一遍之后,再以干布擦一次,以擦掉表面颗粒。颜色完全擦好之后,在刷油之前不得再沾湿,沾湿就会有两色。

擦涂颜色的要领:
擦粉擦色擦增光,擦揩工法很重要,
快、匀、净、洁四个字,牢牢记住不忘掉。

(二)擦漆片

擦漆片,主要用作底漆。水性腻子做完以后要想进行涂漆,应先擦上漆片,使腻子增加固结性。

擦漆片一般是用白棉布或白的确良包上一团棉花拧成布球,布球大小根据所擦面积而定,包好后将底部压平,蘸满漆片,在腻子上画圈或画"8"字形或进行曲线运动,像刷油那样挨排擦均。擦漆片如图5-17所示。漆片不足,手下发涩时,要停擦,再次蘸漆片接着擦。否则,多擦一两下也会涂布不均。

擦漆片要领:
擦揩动作要敏捷,擦揩方向要多变,
画着圆圈用实力,粉浆填满木孔间。

(三)揩腊克

如清漆的底色,没有把工件全填下,涂完后显亮星,有碍美观。若第二遍硝基清漆以擦涂方法进行,可以填平工件。首先,要根据麻眼大小调好漆,麻眼大,漆应调稠;麻眼小,可调稀。擦平后,再以溶剂擦光但不打蜡。

涂硝基漆后,涂膜达不到洁净、光亮的质量要求,可以进行抛光。抛光是在涂膜实干后,用纱包涂上砂蜡按次序推擦。擦到光滑时,再换一块干净的细软布把砂蜡擦掉。然后,擦涂上光蜡。上光蜡质量差时,可用蜡将纱布润湿,不要上多,否则不

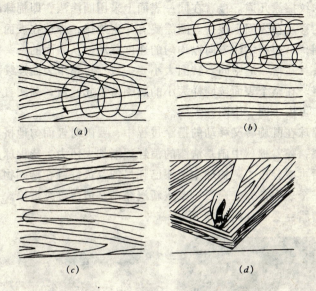

图 5-17 擦漆片路线、方式
(a) 圈涂；(b) 横涂；(c) 直涂；(d) 直角涂

亮。把上光蜡涂均匀后，使用软细纱布、脱脂棉、头发等物，快速轻擦。待光亮后间隔半日再擦，还能增加一些光亮度。

抛光擦砂蜡具有很大的摩擦力，涂膜未干透时很容易把涂膜擦卷皮。为了确保安全，最好将抛光工序放在喷完漆两天后进行。

使用上光蜡抛光时，常采用机动工具。采用机动工具抛光时，应特别注意抛光轮与涂面的洁净，否则，涂面将出现显著的划痕。

每一次揩涂，实际上是棉球蘸漆在表面上按一定规律做几十遍至上百遍重复的曲线运动。每揩一遍的涂层很薄，常温下每揩一遍表干约 5min 后再揩涂下一遍，揩涂多遍后才能形成一定的厚度。

第一次揩涂所用的硝基清漆粘度稍高（硝基清漆与香蕉水的比例为 1:1）。具体揩涂时，棉球蘸适量的硝基清漆，先在表面上顺木纹擦涂几遍。接着在同一表面上采用圈涂法，即棉球以圆圈状的移动在表面上擦揩。圈涂要有一定规律，棉球在表面上一边转圈，一边顺木纹方向以均匀的速度移动，从表面的一头揩到另一头。在揩一遍中间，转圈大小要一致，将整个表面连续从头揩到尾。在整个表面按同样大小的圆圈揩过几遍后，圆圈直径可增大，可由小圈、中圈到大圈。

棉球在既旋转又移动的揩涂过程中，要随时轻而匀地挤出硝基清漆，随着棉球中硝基清漆的消耗逐渐加大压力，待棉球重新浸漆后再减轻压力。棉球中浸漆已耗尽的（最好赶在揩到物面一头或一个表面揩完一遍后）要重新浸蘸硝基清漆继续揩涂。

揩腊克要领如图 5-18 所示。

(a)

(b)

图 5-18 揩腊克要领

擦色表面要均匀，有深有浅行不通，
　　由浅至深有顺序，手法力度见真功。

六、"刷"

刷涂是用排笔、毛刷等工具在物体饰面上涂饰涂料的一种操作，是涂料施工中最古老、最基本的一种操作方法。

涂刷前应该检查基底是否已经处理完好，环境是否符合要求。

刷涂时，首先要调整好涂料的粘度。用鬃刷刷涂的涂料，粘度一般以 40～100S 为宜（25℃，涂-4 粘度计），而排笔刷涂的涂料以 20～40S 为宜。总之，以刷涂自如为准。粘度太小容易流淌，同时降低色漆的遮盖力；粘度太大刷涂费力，且漆膜过厚，在干燥过程中容易起皱且费时。使用新漆刷时要稀些；毛刷用短后，可稍稠点。相邻两遍刷涂的间隔时间，必须能保证上一道涂层干燥成膜。刷涂的厚薄要适当、均匀。

用鬃刷刷涂油漆时，刷涂的顺序是先左后右、先上后下、先难后易、先线角后平面、围绕物件从左向右一面一面地按顺序刷涂，避免遗漏。对于窗户，一般是先外后里，对向里开启的窗户，则先里后外；对于门，一般是先里后外，而对向外开启的门则要先外后里；对于大面积的刷涂操作，常按开油—横油斜油—理油的方法刷涂。油刷蘸油后上下直刷，每条间距 5～6cm 叫开油。开油时，可多蘸几次漆，但每次不宜蘸得太多。开油后，油刷不再蘸油，将直条的油漆向横的方向和斜的方向刷匀叫横油斜油。最后，将鬃刷上的漆在桶边擦干净后，在涂饰面上顺木纹方向直刷均匀称为理油。全部刷完后，应再检查一遍，看是否已全部刷匀刷到，将刷子擦干净后再从头到尾顺木纹方向刷均匀，消除刷痕，使其无流坠、桔皮或皱纹，并注意边角处不要积油。一般来说，油性漆干燥慢，可以多刷几次，但有些醇酸漆流平性较差，不宜多次刷理。

用排笔刷油漆时，要始终顺木纹方向涂刷，蘸漆量要合适不宜过多，下笔要稳、准，起笔、落笔要轻快，运笔中途可稍重些。刷平面要从左到右；刷立面要从上到下，刷一笔是一笔，两笔之间不可重叠过多。蘸漆量要均匀，不可一笔多一笔少，以免显出刷痕并造成颜色不匀。刷涂时，用力要均匀，不可轻一笔重一笔，随时注意不可刷花、流挂，边角处不得积漆。刷涂挥发快的虫胶漆时，不要反复过多的回刷，以免咬底刷花，要一笔到底，中途不可停顿。

刷涂时还应注意：在垂直的表面上刷漆，最后理油应由上向下进行；在水平表面上刷漆，最后理油应按光线照射方向进行；

在木器表面刷漆，最后理油应顺着木材的纹路进行。

刷涂水性浆活和涂料时，较刷油简单。但因面积较大，为取得整个墙面均匀一致的效果，刷涂时，整个墙面的刷涂运笔方向和行程长短均应一致，接茬最好在分格缝处。

另外，涂刷现场严禁使用电炉。

刷涂要领如图 5-19 ~ 图 5-20 所示。

刷漆本是基本功，周围环境要严控，
室内空气要洁净，绝对不准有火种。
涂刷顺序有讲究，先上后下再左右，
难点线角先下手，最后再把平面涂。
刷漆开油要蘸油，开油以后不蘸油，

(a)

(b)

(c)

(d)

图 5-19　刷涂要领（一）

横向斜向均匀刷,最后顺纹是理油。

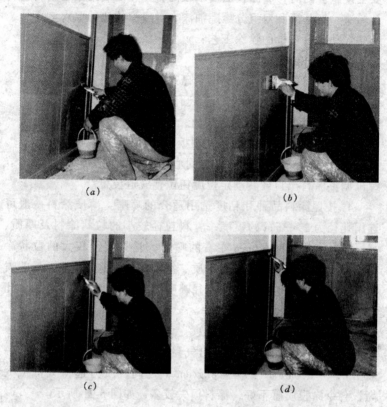

图 5-20 刷涂要领(二)

七、"喷"

喷涂是用手压泵或电动喷浆机压缩空气将涂料涂饰于物面的机械化操作方法。其优点是涂膜外观质量好、工效高,适用于大面积施工,对于被涂物面的凹凸、曲折、倾斜、孔缝等都能喷涂均匀,并可通过涂料粘度、喷嘴大小及排气量的调节获得不同质感的装饰效果。缺点是涂料的利用率低,损耗稀释剂多,喷涂过程中成膜物质约有 20% 飞散在施工环境中。由于挥发的溶剂和飞散的漆料对人体有害,故施工场所必须有良好的通风、除尘等安全设施。同时，喷涂技法要求较高，尤其是使用硝基漆、过氯乙烯漆、氨基漆和双组分聚酯油漆，对喷涂技法的要求更高。

气动涂料喷枪的喷涂工艺：

（一）喷枪检查

喷涂之前先检查，气道是否已通畅，

连接之间要牢固，料口气道圆同样。

1. 将皮管与空气压缩机接通，检查气道部分是否通畅。

2. 各连接件是否坚固，并用扳手拧紧。

3. 涂料出口与气道是否为同心圆，如不同心，应转动调节螺母调整涂料出口或转动定位旋钮调整气道位置。

4. 按照涂料品种和粘度选用适合的喷嘴。薄质涂料一般可选用孔径为 2～3mm 的喷嘴；骨料粒径较小的粒状涂料及厚质、复层涂料可选用 4～6mm 左右的喷嘴；骨料粒径较大的粒状涂料、软质涂料和稠度较大的厚质、复层涂料可选用 6～8mm 的喷嘴。涂料粘度低的宜选用小孔径喷嘴，涂料粘度高的应选用大孔径喷嘴。

（二）选用合适的喷涂参数

1. 打开气阀开关，调整出气量。空气压缩机的工作压力一般在 0.4～0.8MPa（约 4～8kg/cm^2）之间，压力选得太低或太高，会令涂膜质感不好，涂料损失较多，如图 5-21 所示。

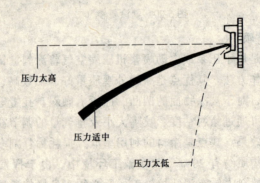

图 5-21 选择压力示意图

喷嘴涂面有间距，40～60cm最为宜，距离过近出流挂，距离过远不经济。

2. 喷嘴和喷涂面间距离一般为40～60cm（喷漆则为20～30cm）。喷嘴距喷涂面过近，涂层厚薄难以控制，易出现涂层过厚或流挂的现象。距离过远，涂料损耗多，如图5-22所示。可根据饰面要求，转动调节螺母，调整与涂料喷嘴间的距离。

喷涂技术较复杂，先要了解操作法，空气压缩是动力，大面施工效果佳。

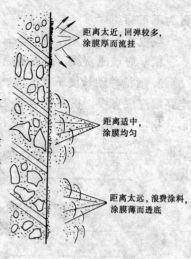

图5-22 调整距离示意图

3. 在料斗中加入涂料，应与喷涂作业协调，采用连续加料的方式，应在料斗中涂料未用完之前即加入，使涂料喷涂均匀。同时，还应根据料斗中涂料加入的情况，调整气阀开关。即，料斗中涂料较多时，应将开关调至中间，使气流不致过大；涂料较少时，应将开关打开，使气流适当增大。

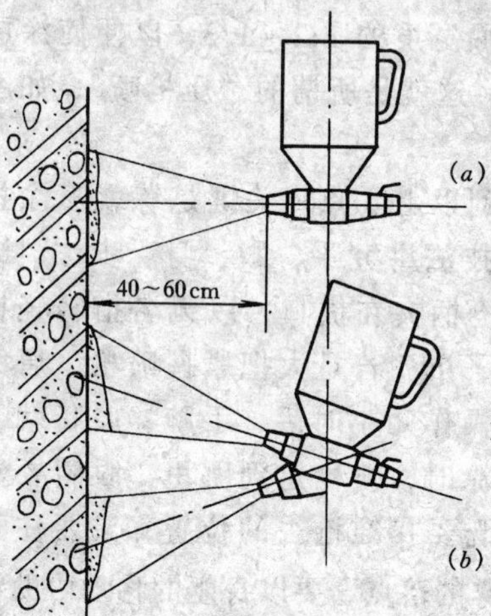

（三）喷涂作业

1. 手握喷枪要稳，涂料出口应与被喷涂面垂直，不得向任何方向倾斜。如图5-23所示，（a）处位置为正确，（b）处位

图5-23 涂料出口位置示意图

置为不正确。

喷枪移动不宜大，70~80cm 为一跨，

横竖应该成直线，往返需成圆弧状（90°）。

2. 喷枪移动长度不宜太大，一般以 70~80cm 为宜。喷涂行走路线应成直线，横向或竖向往返喷涂，往返路线应按 90°圆弧形状拐弯，如图 5-24 所示，而不要按很小的角度拐弯。

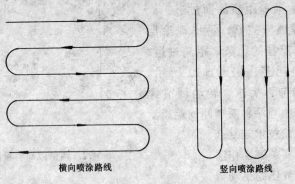

横向喷涂路线　　　　　竖向喷涂路线

图 5-24　喷枪移动示意图

3. 喷涂面的搭接宽度，即第一行喷涂面和第二行喷涂面的重叠宽度，一般应控制在喷涂面宽度的 1/2~1/3，以便使涂层厚度比较均匀，色调基本一致。这就是所谓的"压枪喷"，如图 5-25 所示。

图 5-25　压枪喷法

要做到以上几点，关键是练就喷涂技法。喷涂技法讲究手、眼、身、步法，缺一不可，枪柄夹在虎口，以无名指轻轻拢住，肩要下沉。若是大把紧握喷枪，肩又不下沉，操作几小时后，手腕、肩膀就会乏力。喷涂时，喷枪走到哪里，眼睛要看到哪里，既要找准枪去的位置，又要注意喷过之处涂膜的形成情况和喷雾的落点，要以身躯的移动协助臂膀的移动，来保证适宜的喷射距离及与物面垂直的喷射角度。喷涂时，应移动手臂而不是手腕，但手腕要灵活，才能协助手臂动

作，以获得厚薄均匀适当的涂层。

4. 喷枪移动时，应与喷涂面保持平行，而不要将喷枪做弧形移动，如图 5-26 所示。否则，中部的涂膜就厚，周边的涂膜就会逐渐变薄。同时，喷枪的移动速度要保持均匀一致，这样涂膜的厚度才能均匀。

5. 喷涂时应先喷门窗口附近。涂层一般要求两遍成活。

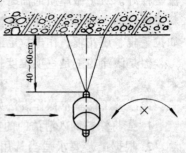

图 5-26　喷枪移动要保持平行

墙面喷涂一般是头遍横喷，第二遍竖喷，两遍之间的间隔时间，随涂料品种及喷涂厚度而有所不同，一般在 2h 左右。喷涂施工最好连续作业，一气呵成，完成一个作业面或到分格线处再停歇。在整个喷涂作业中要求作到涂层平整均匀，色调一致，无漏喷、虚喷及涂层过厚，形成流坠等现象。如发现上述情况，应及时用排笔涂刷均匀，或干燥后用砂纸打去涂层较厚的部分，再用排笔涂刷处理。

6. 喷涂施工时应注意对其他非涂饰部位的保护与遮挡，施工完毕后，再拆除遮挡物。

7. 喷涂时，工人应戴口罩、防护帽，穿特制工作服。

八、"滚"

滚涂是用毛辊进行涂料的涂饰。其优点是工具灵活轻便，操作容易，毛辊着浆量大，较刷涂的工效高且涂饰均匀，对环境无污染，无明显刷痕和接茬，装饰质量好；缺点是边角不易滚到，需用刷子补涂。滚涂油漆饰面时，可以通过与刷涂结合或多次滚涂，做成几种套色的、带有多种花纹图案的饰面样式。与喷涂工艺相比，滚涂的花纹图案易于控制，饰面式样匀称美观。还可滚涂各种细粉状涂料、色浆或云母片状厚涂料等。此外，还可以通过采用不同毛辊，作出不同质感的饰面。用花样辊可压出浮雕状饰面、拉毛饰面等。做平光饰面时可用刷辊，要求涂料粘度低，流平性好。对于做厚质饰面时，可用布料辊，既可用于高粘度涂料厚涂层的上料，又可保持滚涂出来的原样式。再用各种花样辊如拉毛辊、压花辊，作出拉毛或凹凸饰面。

但是滚涂施工是一项难度较高的工艺，要求有比较熟练的技术。

滚涂施工的基本操作方法如下：

1. 先将涂料倒入清洁的的容器中，充分搅拌均匀。

2. 根据工艺要求适当选用各种类型的辊子，如压花辊、拉毛辊、压平辊等，用辊子蘸少量涂料或蘸满涂料在铁丝网上来回滚动，使辊子上的涂料均匀分布，然后在涂饰面上进行滚压。

3. 在容器内放置一块比辊略宽的木板，一头垫高成斜坡状，辊子在木板上辊一下，使多余的涂料流出。

滚涂操作要领如图 5-27~图 5-28 所示。

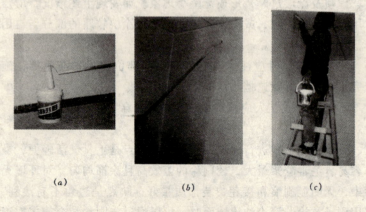

图 5-27　滚涂要领（一）

滚涂工艺最灵便，工具简单操作易，
高处矮处终相宜，边角之处需补齐。
滚涂花样可翻新，花纹图案任挑选，
平光、拉毛，浮雕状，毛辊可以来选定。

(a)　　　　　　　　　　(b)

图 5-28　滚涂要领（二）

基本八法介绍完，口诀不能偏概全，
要想学好"基本法"，还要精读全教材。

第三节　基底处理

涂料（油漆）是涂敷于建筑实体表面的。建筑实体是由各种不同性质的材料在不同的部位，涂以不同的涂料，使得涂饰工艺变得十分复杂。首先要解决的是处理好各类不同材质的基底。

一、木材面层基底处理

木材表面处理是油漆施工的基础工作，是质量的保证。
它的具体做法：

清理。先用抹布将木门或其他木制品周边擦干净，也可先用刷子扫一遍，再扫大面。

用铲刀在基面上铲一遍，可以发现凹凸不平或钉帽等多种缺陷。随手将钉子拔掉、将钉帽砸平、将孔洞用腻子填实，使整个面层没有缺陷。待腻子干透后，用砂纸初步打磨一遍，再检查一遍是否有遗漏。如果做透明油漆，木材色素不一致，就要用漂白来处理。做法一：用浓度30%的双氧水（过氧化氢）100g，掺入25%浓度的氨水10~20g、水100g稀释的混合液，均匀的涂刷在木材表面，经2~3d后，木材表面就被均匀漂白。这种方法对柚木、水曲柳的漂白效果很好。木材漂白的另一种方法：配制5%的碳酸钾：碳酸钠＝1:1的水溶液1L，并加入50g漂白粉，用此溶液涂刷木材表面，待漂白后用肥皂水或稀释盐酸溶液清洗被漂白的表面。此法即能漂白又能去脂。

二、金属面基底处理

涂饰对金属表面的基本要求是干燥，无灰尘、油污、锈斑、磷皮、焊渣、毛刺等。具体处理方法如下：

（一）手工处理

采用砂布、刮刀、锤凿、钢丝刷、废砂轮等工具，通过手工打磨和敲、铲、刷、扫等方法，除去金属表面的锈垢和氧化皮，再用汽油或松香水清洗，将所有的油污擦洗干净。

（二）机械处理

用压缩空气喷砂、喷丸等方法，以冲击和摩擦等作用除去锈斑、氧化皮、铸型砂等。也可用打磨机、针束除锈机、风动砂轮除锈机来除去氧化皮和锈斑。

（三）化学处理

通过各种配方的酸性溶液，如用15%~20%的工业硫酸和80%~85%的清水，配成稀硫酸溶液（注意，必须将硫酸徐徐倒入水中，并加以搅拌，而不是相反。否则，会引起酸液飞溅伤人），将物体置于其中约10~12min，至彻底除锈为准。然后，取出用清水冲洗干净，晾干待用。除浸渍酸洗法外，也有将除锈剂涂刷在金属表面除锈的。

对于铝、镁合金制品，也可用皂液清除物面灰尘、油腻等污物，再用清水冲净，然后用磷酸溶液（85%磷酸10份，杂醇油70份，清水20份配成）涂刷一遍。过2min后，轻轻用刷子擦一遍，再用水冲洗干净。

三、其他基层处理

水泥砂浆及混凝土基层。包括:水泥砂浆、水泥白灰砂浆、现浇混凝土、预制混凝土板材及块材。

加气混凝土及轻混凝土类基层。包括:这类材料制成的板材及块材。

水泥类制品基层。包括:水泥石棉板、水泥木丝板、水泥刨花板、水泥纸浆板、硅酸钙板。

石膏类制品及灰浆基层。包括:纸面石膏板等石膏板材、石膏灰浆板材。

石灰类抹灰基层。包括:白灰砂浆及纸筋灰等石灰抹灰层、白云石灰浆抹灰层、灰泥抹灰层。

这些基层的成分不同,施工方法不同,故其干燥速度、碱度、表面光洁度都有区别。应根据基层不同的情况,采取不同的处理方法。

(一)各种基层的特性

各种基层的成分及特性见表 5-2。

各种基层成分及特征   表 5-2

基层种类	主要成分	特征		
		干燥速度	碱性	表面状态
混凝土	水泥、砂石	慢 受厚度和构造制约	大 进行中和需较长的时间,内部析出的水呈碱性	粗 吸水率大
轻混凝土	水泥、轻骨料、轻砂或普通砂	慢 受厚度和构造影响	大 进行中和需较长的时间,内部析出的水呈碱性	粗 吸水率大
加气混凝土	水泥、硅砂、石灰、发泡剂		多呈碱性	粗 有粉化表面,强度低、吸水率大

续表

基层种类	主要成分	特征		
		干燥速度	碱性	表面状态
水泥砂浆（厚度10~25mm）	水泥、砂	表面干燥快，内部含水率受主体结构的影响	比混凝土大，内部析出的水呈碱性	有粗糙面、平整光滑面之分，其吸水率各不相同
水泥石棉板	水泥、石棉		极大，中和速度非常慢	吸水不均匀
硅酸钙板	水泥、硅砂、石灰、消石灰、石棉		呈中性	脆而粉化，吸湿性非常大
石膏板	半水石膏			吸水率很大，与水接触的表面不得使用
水泥刨花板	水泥、刨花		呈碱性	粗糙，局部吸水不均，渗出深色树脂
麻刀灰（厚度12~18mm）	消石灰、砂、麻刀	非常慢	非常大，达到中和需较长时间	裂缝多
石膏灰泥抹面（厚度12~18mm）	半水石膏、熟石灰、水泥、砂、白云石灰膏	易受基层影响	板材呈中性，混合石膏呈弱碱性	裂缝多
白云石灰泥抹面（厚度12~18mm）	白云石灰膏、熟石灰、麻刀、水泥、砂	很慢	强，需要很长时间才能中和	裂缝多，表面疏密不均，明显呈吸水不均匀现象

（二）对基层的基本要求

无论何种基层，经过处理后，涂饰前均应达到以下要求：

基层表面必须坚实，无酥松、粉化、脱皮、起鼓等现象。

基层表面必须清洁，无泥土、灰尘、油污、脱膜剂、白灰等影响涂料粘结的任何杂物污迹。

基层表面应平整，角线整齐，但不必过于光滑，以免影响粘结。

无较大的缺陷、孔洞、蜂窝、麻面、裂缝、板缝、错台，无明显的补痕、接茬。

基层必须干燥，施涂水性和乳液涂料时，基层含水率应在10%以下；施涂油漆等溶剂性涂料时要求基层含水率不大于8%（不同地区可以根据当地标准执行）。

基层的碱性应符合所使用涂料的要求。对于涂漆的表面，pH值应小于8。

（三）处理方法

1. 清理、除污 对于灰尘，可用扫帚、排笔清扫。对于粘附于墙面的砂浆、杂物以及凸起明显的尖棱、鼓包，要用铲刀、錾子铲除、剔凿或用手砂轮打磨。对于油污、脱膜剂，要先用5%~10%浓度的火碱水清洗，然后再用清水洗净。对于析盐、泛碱的基层可先用3%的草酸溶液清洗，然后再用清水清洗。基层的酥松、起皮部分也必须去掉，并进行修补。外露的钢筋、铁件应磨平、除锈，然后做防锈处理。

2. 修补、找平 在已经清理干净的基层上，对于基层的缺陷、板缝以及不平整、不垂直处大多采用刮批腻子的方法，对于表面强度较低的基层（如圆孔石膏板）还应涂增强底漆。对于有防潮、耐水、耐酸、耐碱、耐腐蚀等特殊要求的基层要另做特殊处理。

（1）混凝土基层：如是反打外墙板，由于表面平整度好，一般用水泥腻子填平修补好表面缺陷后便可直接涂饰。内墙做一般的浆活或涂刷涂料。为增加腻子与基层的附着力，要先用4%的聚乙烯醇溶液或30%的108胶液或20%的乳液水喷刷于基层，晾干后刮批大白腻子、石膏腻子或821腻子。若腻子层太厚，应分层刮批，干燥后用砂纸打磨平整，并将表面粉尘及时清扫干净。若饰面材料采用耐擦涂料或有防水防潮要求的房间，如厨房、厕所、浴室等，则应采用具有相应强度、耐水性好的腻子。

（2）抹灰基层：由于涂料对基层含水率的要求较严格，一般抹灰基层，均要经过一段时间的干燥，一般采用自然干燥法。经验证明，新抹灰面要达到含水率8%以下的充分干燥，需经过半年以上的时间。对于一般水性涂料要达到含水率10%以下，夏季需7~10d，冬季则需10~15d以上。

对于裂纹，要用铲刀开缝成V形，然后用腻子嵌补。

为增强涂料与腻子的附着力，便于涂刷和节省材料，嵌批腻子前常对基层汁胶（即在基层上喷涂或刷涂胶液，目的是增强基层表面的强度，保证腻子与基层的粘结力）或涂刷基层处理剂。汁胶的材料根据面层的装饰涂料而定，一般的刷浆或用水性涂料时，可采用30%浓度的108胶水，也可采用4%浓度的聚乙烯醇溶液或稀释至15%~20%的聚醋酸乙烯乳液。对于油性涂料，则可用熟桐油加汽油配成的清油在基底上涂刷一遍。有些涂料则配有专用的底漆或基底处理剂。胶水或底涂层干后，即可嵌批腻子。

（3）各种板材基层：有纸石膏板、无纸石膏板、水泥刨花板、稻草板等轻质内隔墙，其表面质量和平整度一般都不错。对于这类墙面，除采取汁胶刮腻子的方法处理基层外，特别要处理好板间拼接的缝隙，以及防潮、防水的问题。

板缝处理：以有纸石膏板及无纸圆孔石膏板板缝处理为例，有明缝和无缝两种做法。明缝一般采用各种塑料或铝合金嵌条压缝，也有采用专用工具勾成明缝的，如图5-29所示。无缝一般先用嵌缝腻子将两块石膏板拼缝嵌平，然后贴上约50mm宽的穿孔纸带或涂塑玻璃纤维网格布，再用腻子刮平，如图5-30所示。无纸圆孔石膏板的板缝一般不做明缝。具体做法是将板缝用胶水涂刷两道后，用石膏膨胀珍珠岩嵌缝腻子勾缝刮平。腻子常用791胶来调制，对于有防水、防潮要求的墙面，板缝处理应在涂刷防潮涂料之前进行。

中和处理：对于碱性大的基层，在涂油漆前，必须做中和处理。方法如下：

1）新的混凝土和水泥砂浆表面，用5%的硫酸锌溶液清洗

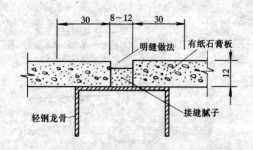

图 5-29 明缝做法

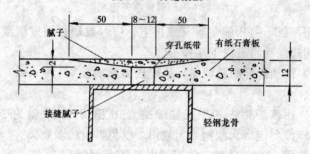

图 5-30 无缝做法

碱质，1d 后再用水清洗，待干燥后，方可涂漆。

2）如急需涂漆时，可采用 15%～20% 浓度的硫酸锌或氯化锌溶液，涂刷基层表面数次；待干燥后除去析出的粉末和浮粒，再行涂漆。如采用乳胶漆进行装饰时，则水泥砂浆抹完后一个星期左右，即可涂漆。

3）不同基层的碱性随着时间的推移，逐渐降低，具体施工时间可参照图 5-31 确定。若龄期足够，pH 值已符合所使用的涂料要求，则不必另做中和处理。

4）一般刷浆工程不必做此项处理。

（4）防潮处理：一般采用涂刷防潮涂层的办法，但需注意以不影响饰面涂层的粘附性和装饰质量为准。一般居室的大面墙多不做防潮处理，防潮处理主要用于厨房、厕所、溶室的墙面及地下室等。

纸面石膏板的防潮处理，主要是对护纸面进行处理。通常是

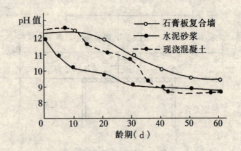

图 5-31 碱性消失速度

在墙面刮腻子前用喷浆器（或排笔）喷（或刷）一道防潮涂料。常用的防潮涂料有以下几种：

1）汽油稀释的熟桐油。其配比为熟桐油：汽油 = 3：7（体积比）。

2）用硫酸铝中和甲基硅醇钠（pH 值为 8，含量为 30% 左右）。该涂料应当天配制当天使用，以免影响防潮效果。

3）用 10% 的磷酸三钠溶液中和氯-偏乳液。

4）乳化熟桐油。其重量配合比为熟桐油：水：硬脂酸：肥皂 = 30：70：0.5：1~2。

5）一些防水涂料，如 LT 防水涂料。

无纸圆孔石膏板装修时，必须对表面进行增强防潮处理。可先用涂刷 LT 底漆增强，再刮配套防水腻子。

以上防潮涂料涂刷时均不允许漏喷漏刷，并注意石膏板顶端也需做相应的防潮处理。

四、旧漆膜及旧浆皮处理

在旧漆膜上重新涂漆时，可视旧漆膜的附着力和表面硬度的好坏来确定是否需要全部清除。如旧漆膜附着力很好，用一般铲刀刮不掉，用砂纸打磨时声音发脆并有轻爽感觉时，只需用肥皂水或稀碱水溶液清洗擦干净即可，不必全部清除。如附着力不好，已出现脱落现象，则要全部清除。如涂刷硝基清漆，则最好将旧漆膜全部清除（细小修补例外）。

旧漆膜不全部清除而需重新涂漆时，除按上述办法清洁干净外，还应经过刷清油、嵌批腻子、打磨、修补油漆等项工序，做到与旧漆膜平整一致，颜色相同。

（一）几种清洗旧漆膜的操作方法

1. 碱水清洗法　把少量火碱（氢氧化钠）溶解于清水中，再加入少量石灰配成火碱水（火碱水的浓度要经过试验，以能吊起旧漆膜为准）。用旧排笔把火碱水刷在旧漆膜上，等面上稍干燥时再刷一遍，最多刷 3~4 遍。然后，用铲刀将旧漆膜全部刮去，或用硬短毛旧油刷或揩布蘸水擦洗，再用清水（最好是温水）把残存的碱水洗净。这种方法常用于处理门窗等形状复杂，面积较小的物件。

2. 火喷法　用喷灯火焰烧旧漆膜，喷灯火焰烧至漆膜发焦时，再将喷灯向前移动，立即用铲刀刮去已烧焦的漆膜。烧与刮要密切配合，漆膜烧焦后要立即刮去，不能使它冷却，因冷却后刮不掉。烧刮时尽量不要损伤物件的本身，操作者两手的动作要与合紧凑。

3. 摩擦法　把浮石锯成长方形块状，或用粗号磨石蘸水打磨旧膜，直到全部磨去为止，这种方法适用于清除低天然漆旧漆膜。

4. 刀刮法　用金属锻成圆形弯刀（刀口宽度不等，有 40cm 的长把），磨快刀刃，一手扶把，一手压住刀刃，用力刮铲。还有把刀头锻成直的，装上 60cm 的长把，扶把刮铲。这种方法较多地用于处理钢门窗和桌椅一类物件。

5. 脱漆膏法　脱漆膏的配制方法有三种：

（1）清水 1 份、土豆淀粉 1 份、氢氧化钠水溶液（1∶1）4 份，一面混合一面搅拌，搅拌均匀后再加入 10 份清水搅拌 5~10min。

（2）将氢氧化钠 16 份溶于 30 份水中，再加入 18 份生石灰，用棍搅拌，并加入 10 份机油，最后加入碳酸钙 22 份。

（3）碳酸钙 6~10 份、碳酸钠 4~7 份、水 80 份、生石灰 12~15 份，混成糊状。

使用时，将脱漆膏涂于旧漆膜表面约 2~5 层。待 2~3h 后，漆膜即破坏，用刀铲除或用水冲洗掉。如旧漆膜过厚，可先用刀开口，然后涂脱漆膏。

（二）旧浆皮的清除

在刷过粉浆的墙面、平顶及各种抹灰面上重新刷浆时，必须把旧浆皮清除掉。清除方法先在旧浆皮面上刷清水，然后用铲刀刮去旧浆皮。因浆皮内还有部分胶料，经清水溶解后容易刮去。刮下的旧浆皮是湿的，不会有灰粉飞扬较为清洁。

如果旧浆皮是石灰浆一类，就要根据不同的底层采取不同的处理方法。底层是水泥或混合砂浆抹面的，则可用钢丝刷擦刮。如是石灰膏一类抹面的，可用砂纸打磨或铲刀刮。石灰浆皮较牢固，刷清水不起作用。任何一种擦刮都要注意不能损伤底层抹面。

第四节　涂料（油漆）的调配

一、色彩常识

（一）色彩的属性

1. 色相　就是色彩的相貌。即通常说的各种色彩的名称。日光光谱包含的标准色虽然只有红、橙、黄、绿、蓝、靛、紫。但同一色彩的色相也很丰富，如红系颜料就有粉红、浅红、大红、紫红等。从理论上说，色相的数目是无穷的。

2. 明度　色彩有明暗程度或浓淡差别。如淡红、中红、深红。黑色明度最小，白色明度最大。各种色彩的明度是不相同的，浅色明度强，深色明度弱。根据反射表面的反射程度，白色为明度最强，依次是淡灰、浅灰、中灰、深灰、黑。

3. 纯度　色彩的鲜艳程度，又称彩度、饱和度。色相环上的标准色彩纯度最高，含标准色成分越多，色彩就越鲜艳，纯度就越高。反之，含标准色成分越少，纯度就越低。在标准色中加白，纯度降低而明度提高；在标准色中加黑，纯度降低，明度也降低。通常说某物体色彩鲜艳,就是指其纯度高。

(二) 原色 间色 复色 补色

1. 原色 色彩中大多数颜色可由红、黄、蓝三种颜色调配出来。而这三种颜色却无法由其他颜色调配而得,我们就把红、黄、蓝三色称为原色或一次色。

2. 间色 由两种原色调配成的颜色称为间色或二次色。即,红+黄=橙;黄+蓝=绿;蓝+红=紫。橙、绿、紫三种颜色,即为间色。

原色和间色,即,红、绿、黄、橙、蓝、紫为标准色。

3. 复色 复色也称三次色、再间色。是由三种原色按不同比例调配而成,或由间色加间色调配而成。因为含有三原色,所以含有灰色成分,纯度较低。复色的种类名目繁多,千变万化,调配时只有大体的份量。

图 5-32 所示为三原色、间色、复色的相互关系图。

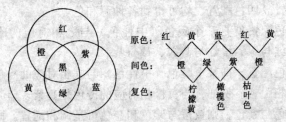

图 5-32 颜色调配示意图

4. 补色 一种原色和另外两种原色调配的间色互称补色或对比色。如,红与绿,绿是由黄、蓝两种原色调配的间色;蓝与橙,橙是由红、黄两原色调配的间色;黄与紫,紫是由蓝、红两原色调配的间色。这几对颜色,双方都不含对方的色素,互称补色或对比色。补色的特点是把它们放在一起能以最大的程度突出对方的鲜艳,但如果将它们互相混合时,就出现了灰黑色。这是因为每一对补色的调和,都是红、黄、蓝三原色的混合,三原色的等量混合就是黑色。这种补色的性质,运用得当,可避免调色的失败。

（三）色彩的配置

了解了以上这些关于色彩的知识，如何对色彩进行配置以取得预期效果，可参看图 5-33 的十二色环图。

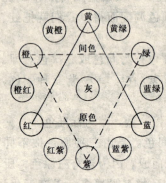

图 5-33　十二色环图

1. 邻近色的运用　从十二色环图可见，一种色彩与左右相邻的色彩为邻近色。由于近邻色中含有较多的共同色素，互相配合容易取得调和的效果。如紫色的近邻色是红色和蓝色，紫色里既含有红色色素又含有蓝色色素，因此紫色和蓝色、红色相调容易调和。同样，绿色和黄色或蓝色相配，黄色与橙色、黄色与绿色相配，都很容易调和。

2. 配色盘的使用　根据十二色环图，可以进行二色配置、三色配置、四色配置，均可得到各种调和色。

二色配置就是某个暖色（中性色）与之相对应的冷色相配置。如红与绿、橙红与蓝绿、黄与紫。

三色配置，即某个暖色（中性色）与其相对应的冷色的左右近邻色相配置。例如，与黄橙相对应的冷色是蓝紫，蓝紫的近邻色是蓝色与紫色，则黄橙与紫色和蓝色可呈调和配置。同理，红色与黄绿和蓝绿，绿色与橙红和紫红配置等。也可以是某个暖色（中性色）与其相对应的冷色的左右远邻色相配置。例如，黄橙对应的冷色为蓝紫，蓝紫的远邻色为紫红与蓝绿，则黄橙与紫红、蓝绿调和配置，橙红与黄绿和蓝紫配置等。综合上述两种情况，可以说在十二色环图上，凡是等边三角形或等腰三角形的三个角所指示的三种颜色，即是调和色。

四色配置，在十二色环图上，凡是长方形或正方形的四个角所指示的四种颜色，即是调和色，都可配置。例如，黄橙、黄绿、红紫、蓝紫四色；紫、蓝、黄、橙四色；绿、蓝、红、橙均可四色配置。

因此，可以根据十二色环图找到各种类型的调和色。可以用它与等腰三角形、等边三角形、正方形、长方形做成三色配色盘或四色配色盘。

3．色彩配置中的注意事项

（1）要使这些调和色的配置效果充发发挥，应避免这些对照色彩在明度、纯度和面积方面的完全相等。

明度对比过于强烈时，可把淡色加深或把深色减淡，以降低其对比等级。例如，黑与白对比过于强烈，可改为淡灰与白或黑与浅灰的对比。

两种色相对比过分强烈时，可减少其中一色的面积，如红漆底上写黄漆字，或在绿草丛中点染上几点小红花，这样配置的色彩效果比等面积的红与黄、绿与红配置要好。还有一种方法是减弱其中一色的纯度，如将红与绿并置改为红与粉绿或浅红与绿并置。

（2）用极色校正色彩配置。金、银、黑、白、灰称为极色。极色与任何色彩配置都能调和，当色彩配置不和谐时，可用极色的线条或色块并置于两色之间，起到一定的校正作用。

黑色是吸收色，凡与黑色并置的色彩显得温暖，冷色邻近黑色则显得灰暗。白色是反射色，凡与白色并置的色彩，显得冷淡，明亮感增加。例如，把红色、黄色分别与黑色、白色并置加以比较，后者就显得光亮。

（3）多种色彩相配置，要有一个主色调，其他色彩都应与这些相协调或烘托出主色调。如涂饰家具主色调为暖色的，就以暖色为主；若用冷色调，就应以冷色调为主。而不能在一间居室中，暖色调与冷色调混杂使用。

二、油漆的调配

市场上原桶盛装的油漆，不能直接使用，需按涂饰工程的设计要求和施工条件，经过适当的调配，使颜色、稠度、成膜快慢等性质满足工程的要求。调配技术水平的高低，直接影响工程的质量和速度，应予以充分注意。

（一）调和漆颜色的调配

在了解了色彩的基本知识后，主要靠施工经验，并与样板进行对照，识别样板的颜色是由哪几种原色组成，各原色比例大致为多少，用的是哪类油漆和涂层厚度等。然后，用同品种的油漆进行试配，作出小样板，经客户确认满意后，可大致计算出各种颜色涂料的用量。如按文字要求进行调配，灵活性就较大，重点掌握主题颜色，再配以其他合适的颜色。

1. 调和漆常用配合比

表 5-3 为复色漆（调和漆）配制表仅供参考。

复色漆（调和漆）配制表　　　　表 5-3

配比（%）原色　色相	红	黄	蓝	白	黑
粉 红	3	—	—	97	—
桔 红	9	91	—	—	—
枣 红	71	24	—	—	5
淡 棕	20	70	—	—	10
铁 红	72	16	—	—	12
栗 色	72	11	14	—	3
鸡蛋色	1	9	—	90	—
淡 紫	2	—	1	97	—
紫 红	93	—	7	—	—
深 棕	67	—	—	—	33
国防绿	8	60	9	13	10
褐 绿	—	66	2	—	32
解放绿	27	23	41	8	1
茶 绿	—	56	20	—	24
灰 绿	—	11	8	70	11
蓝 灰	—	—	13	73	14
奶油色	1	4	—	95	—
乳 黄	—	9	—	91	—
沙 黄	1	8	—	89	2
浅灰绿	—	6	2	90	2
淡豆绿	—	8	2	90	—
豆 绿	—	10	3	87	—

续表

配比（%）原色 色相	红	黄	蓝	白	黑
淡青绿	—	20	10	70	—
葱心绿	—	92	8	—	—
冰 蓝	—	2.5	1	96.5	—
天 蓝	—	—	5	95	—
湖 绿	—	6	3	91	—
浅 灰	—	—	1	95	4
中 灰	—	—	1	90	9

2．配色的要点

（1）配色时以用量大、着色力小的颜色为主，称为主色；着色力强，用量小的颜色为次色和副色。调配时要慢慢将次色、副色加入主色中，并不断地搅拌、观察，直到调至所需的颜色，而不能相反，将主色加到次色和副色中去。

（2）对不同类型、厂家的产品，在未了解其成分、性能之前不要互相调兑。原则上只有在同一品种和型号之间才能调配，以免互相反应，轻则影响质量，重则造成报废。

（3）加不同份量的白色，可将原色和复色冲淡，得到纯度不同的颜色。加入不同份量的黑色，则得到明度不同的颜色。

（4）配色时，要考虑到各种涂料湿时颜色较浅，干后颜色转深的规律。因此，调色时，湿涂料的颜色要比样板上的涂料颜色略淡一些。最后的对比结果，须待新样板干透后才能确定。

（5）调色过程中，各容器、搅棒要干净、无色。各桶的备用料要上下搅匀，并保持原桶的稠度。

（6）含浮色较重的色漆和木器的清漆拼色，其颜色的深浅程度都与施工有关。浮色轻与重取决于色漆的稠度，漆稠的浮色浮的轻，漆稀的浮色浮的重。清漆的基底色白，用色要重；基底色重，用色要轻。

（7）配色时应在天气较好、光线充足的条件下进行。

(8) 如果在冬天调配调和漆，因气温低需加催干剂时，应先把催干剂加入再开始调配，否则会影响色调。

(二) 常用油漆品种的调配

1. 配清油　自配清油与工厂的成品清油不同，工厂成品清油是干性油熬炼而成，而自配清油是以熟桐油为主，经稀释（冬季还要加催干剂）而成，主要用于木材打底。调配时，根据清油所需的稠度和颜色，将一定数量的颜料、熟桐油、松香水（或汽油）拌和在一起，用80目的铜丝过滤后即可使用。一般的配合比为熟桐油:松香水＝1:2.5。如在夏天高温时使用，则清油内的稀料蒸发快，易变稠使表面结皮，这时在清油中加些鱼油（即工厂成品清油）即可避免，既节约材料又容易涂刷。

2. 配铅油　即配厚漆。根据配合比（参见表5-4）将工厂成品清油的全部用量加2/3用量的松香水调成混合油。再从漆桶中将铅油挖出放在干净的铁桶内，倒入少量的混合油充分搅拌，直至铅油没有疙瘩，全部溶解，待与铅油充分搅拌均匀后，再把全部的混合油逐渐加入搅拌均匀。这时可加入熟桐油（冬季用油尚需加入催干剂），并用100目铜丝罗过滤，再将剩下的1/3用量的松香水，洗净工具铁桶后掺入铅油内即成。然后刷好试样，用纸覆盖在调好的铅油面上备用。如铅油是几种颜色调配而成的，要先把几色铅油稍加混合油，配成要求的颜色后，再加入混合油搅拌。如用铅粉或锌钡白配铅油，要把铅粉或锌钡白加入清油用力搅拌成面团状，隔1~2d使清油充分浸透粉质，类似厚糊状后才能再调配成各色铅油。

表5-4中的第二栏为配有光、平光、无光三种厚漆的各种比例，可见配制的比例上有些差别。因无光油是在最后面上涂刷的，其目的是为了使刷后的漆膜完全无光，所以它的稀释剂用量较多，而油料用量相应减少。但稀释剂多了漆就容易沉淀，时间长了沉淀物还会发硬结块，即使经过充分搅拌，涂刷后漆膜仍难免产生粗糙不匀和发花现象，故配无光油时须注意到需用时才调配。如用量不多，可一次配成使用；需要量大，则要准确记录多

种材料的份量而逐次调配，以保证颜色一致，而且在配好后还应该密封贮藏，防止稀释剂挥发影响质量。

各种厚漆调稀的参考配合比　　　　　　　　表 5-4

配料品称	光度区别	百分数（%）						备注
		调配厚漆	清油	松香水	清漆	熟桐油	催干剂 G-8	
白厚漆	有光	60	30	0.2	6.8		2	锌白
	平光	62	18	12	5		2	
	无光	65	5	25	1.5	0.5	2	
黄厚漆	有光	60	29	0.2	6.8		3	
	平光	62	20	10	4		3	
	无光	64	5	24.5	2	0.5	3	
紫红厚漆	有光	56	34	0.5	5.5		3	
	平光	58	20	13	5		3	
	无光	60	5	28.5	2	1	3	
黑厚漆	有光	56	30	0.2	8.8		3	
	平光	58	30	13	5		3	
	无光	60	5	28.5	2	1	3	
绿厚漆	有光	60	29	0.2	6.8		3	
	平光	62	20	10	4		3	
	无光	64	5	24.5	2	0.5	3	
蓝厚漆	有光	56	30	0.2	8.8		3	
	平光	58	20	13	5		2.5	
	无光	60	5	27.5	2	1	2.5	
红厚漆	有光	56	30	0.5	8.5		3	
	平光	58	20	13	4		3	
	无光	60	5	27.5	2	0.5	2.5	

注：在 18~23℃时，干燥时间为 8h，催干剂用量一般为 2%~3%，根据地区和季节可酌量增减。

3. 溶漆片　即配虫胶清漆，过程比较简单，只要将虫胶漆片放入酒精中溶解即可，不能相反。因为这样会使表层的漆片被酒精粘结成块，影响溶解速度。漆片应是散状的，在溶解过程中要经常搅拌，防止漆片沉积在容器底部。溶解的时间取决于漆片的破碎程度与搅拌情况。随配制总量的增加，漆片完全溶解可能需要较长时间。根据虫胶漆片质量的优劣，在一般情况下需浸泡 12h。此时应坚持常温溶解，不宜加热，以免造成胶凝变质。漆片溶液遇铁会发生化学反应，而使溶液颜色变深。因此，溶解漆片的容器及搅拌器都不能用铁的，应采用瓷、塑料、搪瓷等制品。

漆片溶好后应密封保存，防止灰尘、污物落入及酒精挥发，用前可用纱布过滤。存放时间不要超过半年，否则会变质。

配漆片的参考配合比为：干漆片:酒精 = 0.2 ~ 0.25:1（用排笔刷），如揩擦为 0.15 ~ 0.17:1，用于上色（酒色）为 0.1 ~ 0.12:1（均为重量比）。

虫胶清漆的漆膜干燥缓慢，色深发粘。如加少量硝基清漆，可配成虫胶硝基混合清漆，这种漆流动性好、易揩擦，较硝基漆干燥快、填孔性好，更容易砂磨并能提高光泽。其配比为35%的虫胶漆:20%的硝基漆:酒精 = 2:1:3（体积比）。虫胶清漆有时干燥太快，涂刷不便，这时可加几滴杏仁油。

4. 配丙烯酸木器漆　使用时按规定以组分甲（丙烯酸聚酯和促进剂环烷酸钴、锌的甲苯溶液）1份和组分乙（丙烯酸改性醇酸树脂和催化剂过氧化苯甲酰的二甲苯溶液）1.5份调和均匀，以二甲苯调整粘度，使用多少配多少，随用随配。有效使用时间：20 ~ 27℃时为 4 ~ 5h，28 ~ 35℃时为3h，时间过长就会发生胶化。

5. 配防锈漆　除用市场销售的防锈漆外，也可自配防锈漆，比例为红丹粉50%，清漆20%，松香水15%，鱼油15%，不能掺合光油调配，否则红丹粉在24h内会变质。

6. 配金粉漆、银粉漆　银粉有银粉膏和银粉面两种，加入清漆后即成银粉漆。配制比例为：银粉面或银粉膏:气油:清漆，喷漆为1:5:3，刷漆为1:4:3。配好的银粉漆要在24h内用完，否则会变质呈灰色。金粉漆用金粉（黄铜粉末）与清漆调配而成，配制比例、方法与银粉漆相同。

7. 配无光调和漆　各色无光调和漆又名香水油、平光调和漆。常用于室内高级装饰工程，如医院、学校、剧场、办公室、卧室等处的涂刷，能使室内的光线柔和。自制无光漆的配合比为钛白粉40%，光油15%，鱼油5%。当施工环境温度为30 ~ 35℃

时，往往由于干燥太快，造成色泽不一致，此时，可加入煤油 10%～15%，松香水 30%～35%。

8. 配润粉　润粉分水性粉和油性粉两类。用于高级建筑物及家具的油漆工序中，其作用是使粉料擦入硬杂木的棕眼内，使木材棕眼平、木纹清。

水性粉配比为：大白粉 45%，水 40%，水胶 5%，按样板加色 5%～10%，先将大白粉拌成糊状，再将制好的水胶倒入糊内共同调匀。颜料单独调和，用筛过滤，然后渐次加入至所需的颜色深度为止。全部调均匀后即可使用。

油性粉配比为：大白粉 45%，汽油 30%。光油 10%，清油 7%，按样板加色 5%～10%。注意，油性不能过大，油性大，粉料不易进入木材棕眼，达不到润粉目的。配制方法与水性粉基本相同。

（三）稀释剂的选用及油漆粘度的调配

新买来的油漆在商店大多放置了一段时间，油漆中的颜料一般都发生了沉淀（清漆当然没有这种现象，但放置时间长会增稠）。使用前最好将漆桶倒置过来，放上一两天，使沉淀的颜料松动，然后再开桶搅拌，使漆料和颜料调和均匀。如果有颗粒或漆皮，要用过滤网过滤。油漆的粘度若合适就可以使用了。

1. 稀释注意事项

（1）稀释剂份量不宜超过漆重的 20%。若超过 20%，会使油漆过稀（粘度过小），涂饰时容易出现流淌、露底的现象。又因漆膜过薄会降低漆膜的性能。

（2）如果是自行用碱性颜料（如红丹、氧化锌等）和酸性高的清漆（如松香衍生物制成的油基清漆）调制的防锈底漆，要当即使用，不可久放。否则，油漆会出现猪肝般的结块而影响使用。

（3）色漆中如果颜料过多，比较粘稠不便使用时，应加入相同品种的清漆调匀，尽量少加稀释剂，否则会影响漆膜的性能。当连续涂饰几道色漆时，应将前一道色漆的颜色调得稍微浅些，这样在涂饰下一道色漆时，能及时发现是否有漏刷的地方，便于保证涂饰质量。

（4）调油漆粘度的稀释剂最好用规定的配套品种。例如，油性漆应用松节油，油基漆应用松香水，虫胶漆应用酒精，硝基漆应用香蕉水等，不能随便兑其他稀释剂。比如，在油性漆或油基漆中如果加入了香蕉水，漆料就会呈现出脑状而报废。同样的原因，各油漆厂生产的油漆，在没有摸清它的用途性能之前，不可随便掺兑，以避免发生变质报废的现象。

2. 稀释剂的选用

稀释剂是用各种溶剂，根据溶解力考虑挥发速度和对漆膜的影响等情况而配制的，所以使用时必须选择合适的稀释剂。对于不同类型的漆，究竟采用哪种稀释剂比较合适，需要根据漆中所含的成膜物质的性质而定。

各种漆所用稀释剂举例说明如下：

（1）油基漆。如清油、各色厚漆、各色油性调和漆、红丹油性防锈漆等，一般采用200号溶剂汽油或松节油作稀释剂。如漆中树脂含量高或油含量低，就需将两者以一定比例配合使用或加点芳香烃溶剂，如二甲苯。

在油漆工艺中，为表示油漆品种中树脂和油料的相对含量的多少，常使用长油度、中油度和短油度的术语。在油基漆中，树脂：油 = 1:2 以下为短油度，1:2～3 为中油度，1:3 以上为长油度。

（2）醇酸树脂漆。如醇酸清漆、醇酸磁漆、铁红醇酸底漆等。醇酸树脂漆的稀释剂，一般长油度的可用200号溶剂汽油，中油度的可用200号溶剂汽油与二甲苯的1:1混合物，短油度的可用二甲苯。X-4醇酸漆稀释剂不但可用来稀释醇酸漆，也可用来稀释油基漆。

（3）硝基漆。如硝基外用清漆、硝基木器清漆、各色硝基磁漆等。硝基漆的稀释剂一般采用香蕉水（因成分中含有醋酸戊酯的香味而得名），如X-1、X-2等均是。它们由酯、酮、醇和芳香烃类溶剂组成，也可按表5-5配方，仅供参考。

硝基漆稀释剂（重量比） 表 5-5

组分 \ 配比	(1)	(2)	(3)
醋酸丁酯	25	18	20
醋酸乙酯	18	14	20
丙 酮	2	—	—
丁 醇	10	10	16
甲 苯	45	50	44
酒 精	—	8	—

（4）沥青漆。稀释剂多用 200 号煤焦油溶剂、200 号溶剂汽油、二甲苯。在沥青烘漆中有时添加少量煤油以改善流平性，有时也添加一些丁醇。

（5）过氯乙烯漆。如过氯乙烯清漆、各色过氯乙烯磁漆，可有 X-3 或用酯、酮及苯类等混合溶剂作稀释剂，但不能用醇类溶剂。配方见表 5-6，仅供参考。

过氯乙烯漆稀释剂（重量比） 表 5-6

组分 \ 配比	(1)	(2)
醋酸丁酯	20	38
丙 酮	10	12
甲 苯	65	—
环己酮	5	—
二甲苯	—	50

（6）聚氨酯漆。如聚氨酯清漆、聚氨酯木器漆稀释剂 S-1，各色聚氨酯磁漆用二甲苯或用无水二甲苯及甲基与酮或酯的混合溶剂作稀释剂，但不能用带羧基的溶剂，如醇类。配方见表 5-7，仅供参考。

聚氨酯漆稀释剂（重量比） 表 5-7

组分 \ 配比	(1)	(2)
无水二甲苯	50	70
无水环己酮	50	20
无水醋酸丁酯	—	10

(7) 环氧漆。如铁红、铁黑、锌黄环氧底漆可用二甲苯作稀释剂，环氧清漆可用甲苯∶丁醇∶乙二醇乙醚＝1∶1∶1稀释，各色环氧磁漆可用甲苯∶丁醇∶乙二醇乙醚＝7∶2∶1作稀释剂。也可用由环己酮、二甲苯、丁醇等组成的稀释剂。配方见表5-8，仅供参考。

环氧漆稀释剂（重量比） 表 5-8

配比 组分	(1)	(2)	(3)
环己酮	10	—	—
丁 醇	30	30	25
二甲苯	60	70	75

(8) 丙烯酸漆。如丙烯酸清漆、丙烯酸木器漆可以用 X-5，各色丙烯酸磁漆可用稀释剂 X-5、X-3。

以上各种稀释剂均系易燃危险品，要存放在空气流通、温度适宜的仓库中，并远离火源及热源，防止受强烈日光照射。

三、着色剂的调配

木材在做透明涂饰时，往往要对其染色。一是把一些普通的木材制作的木器通过染色仿制成珍贵木材的颜色，如松木、杉木、仿紫檀木、乌木。二是有些木材颜色、木纹都很好，但色调不均匀，如樟木、核桃木等，就可以调配水色和酒色来加以调整。

（一）配水色

水色是专用于显露木纹的清水油漆物面上色的一种涂料，因调配时使用的颜料能溶解于水，故名水色。水色因用料不同，有两种配法：一种是石性原料，如地板黄、黑烟子、红土子、栗色粉、深地板黄、氧化铁黄、氧化铁红等，要把颜料用开水泡至全部溶解，而后加入墨汁，搅成所需要的颜色，再加皮胶或猪血料水过滤后即可使用。要是不用墨汁，可用烟煤掺入皮胶再搅成黑色颜料使用。因石性颜料涂刷后物面上留有粉层，故需加皮胶或猪血料水增加附着力，配比为：水 65%～75%，水胶 10%，红、黄、黑颜料 15%~20%。另一种用品色颜料配水色，常用颜料有黄纳粉、黑纳粉、哈巴粉、品红、橙红、品绿、品紫等，因品色颜料溶解于水，而水温越高，越能溶解开，所以必须用开水浸泡，最好将泡好的颜料放在炉子上煮一下，这种水色是白木着色，水和颜料的比例要视木纹的情况而定。如木材是一个品种又很干净时，颜料的成分要适当减少。如木材品种较杂、颜色深浅不一还有污点斑迹时，就要增加颜料的比例，使上色后整个物面色泽一致。水色配方见表 5-9，仅供参考。

水色配方表 表 5-9

配比(重量比)＼色相＼原料	淡柚木色	柚木色	深柚木色	黄纳色	黑纳色	黑壳色	深红木色	古铜色
黄纳粉	3.5	4	3	16	—	13	—	5
黑纳粉	—	—	—	—	20	—	15	—
墨汁	1.5	2	5	4	—	24	18	15
开水	95	94	92	80	80	63	67	80

水色可用于白茬木器表面直接染色，也可以用于着色于涂层，即在填孔着色并经虫胶漆封闭的涂层上涂刷水色。

水色容易调配，使用方便，干燥迅速。经水色着色后罩上清漆，涂层干后色泽艳丽，透明度高，色泽经久不变。水色是木器透明涂饰经常采用的着色方法，但直接着色于木材易引起木材的膨胀，产生浮毛，染色不匀，所以多用于涂层着色。

这里提醒初学者一点，水色必须彻底干燥以后再刷清漆罩面，否则会造成涂层发白、纹理模糊不清的现象。刷涂时要少回刷子，以免刷掉水色，造成颜色不匀。

(二) 配酒色

酒色就是染料的酒精溶液或虫胶漆溶液。调配酒色一般用碱性染性，因为碱性染料易溶于酒精。

酒色常用于如下两种情况：一是木材表面经过水粉子填孔着色后，色泽与样板尚有差距，当不涂刷水色时，多采用涂刷酒色的方法来加强涂层的色调，以达到所要求的颜色；二是在使用水色后，色泽仍没有达到要求者，也常采用酒色进行拼色。

涂饰酒色需要有比较熟练的技术。首先要根据涂层色泽与样板的差距，调配酒色的色调，染料与颜料的加入量没有规定的配方，完全根据色泽要求灵活掌握，色差大可多加，色差小则少加，一般要调配得淡一些，免得一旦刷深，不好再修饰。酒色常常需要连涂 2~3 次，每一次干透后，要用细砂纸轻磨一下后再涂下一次。由于涂膜渐渐加厚，颜色也渐渐加深，到最后一次涂刷完毕，应该是恰巧符合要求为最好。

酒色的应用也比较普遍，由于酒精挥发快，因此酒色涂层干燥快。刷涂酒色时，既着色同时又封闭、打底增厚涂层，因而简化了工艺，缩短了施工时间，有利于提高生产效率。

（三）配水粉色

水粉色是不同于水色、酒色的一种颜料色浆（内含极少量的染料）。水粉色的调制方法很简单，就是把颜料和染料加入开水中泡开，放在火上稍炖一下，使颜料和染料充分掺和均匀和溶开。在调制时要适当加入一点皮胶液，以增加水粉色的粘结力，便于在水粉色层干透后罩清漆时不掉粉。

在水粉色层上制作图案：一般普、中级木器或旧家具翻新都可以用水粉色来制作图案。在经过底层处理的木器表面，经批刮腻子并达到表面平整光滑后，涂饰上浅颜色的底漆（油性调和漆或油基磁漆均可），待干燥后，用细砂纸轻磨涂层，使漆膜表面形成一个极细的粗糙面，这样便于水粉色的附着。这时，可用排笔或海绵块等工具把调制好的水粉色涂到漆膜上，注意涂饰均匀，然后即可用橡皮刮笔，气球等工具模拟木纹、画花鸟或小动物等图案或书法，也可在水粉层干透后，用漏板漏擦图案或字样。即时画、写或是用漏板漏擦，都能显露底色，获得图案或字样与周围水粉色颜色相得益彰的制作层。待修饰满意后，在上面罩上清漆 2~3 道，就可呈现出图案新颖、色泽美丽、颜色和谐的涂饰层，比一般的不透明涂饰大大增强了装饰效果。

水粉色的使用范围很广,不但能用于各种木制品,还适用于金属、水泥等制品的表面装饰。有造诣的油漆工可以施展技艺,初学者也可以仿画简单纹理的木纹或请有绘画与书法基础的人画图案、写字后,自己制成漏板漏擦。就是要净纹的(即不要任何图案与字样),在涂过底漆的涂层上涂水粉色要比涂水色、酒色简便且效果好。因为在物面上经过批刮腻子、涂上底漆的底层上,上色容易均匀。特别是用微孔海绵块擦涂的水粉色,有极细的条纹,好似木材径切面上的直纹。如果水粉色色调和底层漆膜的色调配合和谐,罩上清漆后的成品,木器的一个板面就像是用一整块木材制作的一样。

(四)配油色

油色是介于铅油和清油之间的一种油漆名称,可用红、黄、黑调和漆或铅油配制。用铅油刷后会把木纹盖住,清油刷后不能使底色色泽一致。而油色刷后能显出木纹又能把各种不同颜色的木材变成一致的颜色,主要区别就在于调配时使用颜色铅油的用量多少。配合比为溶剂汽油50%~60%,清油8%,光油10%,红、黄、黑调和漆15%~20%,油色调法与配铅油基本相同,但要更细致些。可根据颜色组合的主次,先把主色铅油加入少量稀料充分调和,然后把次色、副色铅油逐渐加入主色油内搅和,直至配成所要求的颜色。如用粉质的石性颜料配油色,要在调配前用松香水把颜料充分浸泡后才能配色。油色内要少用鱼油,忌用煤油,因为鱼油干后漆膜硬度不好,打磨时容易破皮。煤油干后漆膜上有一层不干性的油雾,当清漆罩光后会产生一种像水滴在蜡纸上的现象,俗称"发笑"。油色一般用于中、高档木家具,其颜色不及水色鲜明艳丽,且干燥慢,但在施工中比水色容易操作。

第五节 涂料施工作业的环境条件要求

一、施工环境应通风良好,湿作业已具备一定强度,环境比较干燥。

二、室内温度不低于10℃，保持均衡。

三、相对湿度不大于60%。

四、未安玻璃前应设防风措施，遇刮大风天气不宜作业。

五、冬季施工北方地区应有取暖条件，环境不低于5℃。

六、其他工种作业已经完成，施工环境应该洁净无尘土，绝对禁止有明火作业，如切割机、电炉等。

第六节 木材面溶剂型混色油漆施工工艺

一、操作工艺

（一）工艺流程

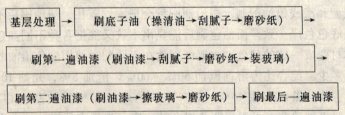

以上是木门窗和木材面混色油漆中级做法的工艺流程。如果是普通混色油漆工程，其做法与工艺基本相同，不同之处，除少刷一遍油漆外，只找补腻子，不满刮腻子。

（二）木门窗和木材面混色油漆操作工艺

1. 基层处理：清扫、起钉子、除油污、除灰土，将流松香的节疤挖掉，较大的脂囊应用木纹相同的材料用胶镶嵌；磨砂纸，先磨线角后磨四口平面，顺木纹打磨，有小活翘皮用小刀撕掉，有重皮的地方试胶用小钉子钉牢固；点漆片，在木节疤和油迹处，用酒精漆片点刷。

2. 刷底子油

（1）操清油一遍：清油用汽油、光油配制，略加一些红土子（避免漏刷不好区分），先从框上部左边开始顺木纹涂刷，框边涂油不得碰到墙面上，厚薄要均匀，框上部刷好后，再刷亮子。

刷窗扇时，如两扇窗应先刷左扇后刷右扇；三扇窗应最后刷中间一扇。窗扇外面全部刷完后，用梃钩钩住不可关闭，然后再刷里面。

刷门时先刷亮子再刷门框，门扇的背面刷完后用木楔将门扇固定，最后刷门扇的正面。全部刷完后检查一遍有无遗漏，并注意里外门窗油漆分色是否正确，并将小五金等处沾染的油漆擦净，此道工序亦可在框或扇安装前完成。

(2) 刮腻子：腻子的重量配合比为石膏粉：熟桐油：松香水：水 = 16:5:1:6。待操作的清油干透后将钉孔、裂缝、节疤以及边棱残缺处，用石膏油腻子刮平整，腻子要横刮竖起，将腻子刮入钉孔或裂纹内。如接缝或裂纹较宽、孔洞较大时，可用嵌刀将腻子挤入缝洞内使腻子嵌入后刮平收净，表面上的腻子要刮光，无野腻子、残渣。上下冒头、榫头等处均应刮到。

(3) 磨砂纸：腻子干透后，用 1 号砂纸打磨，磨法与底层磨砂纸相同，注意不要磨穿油膜并保护好棱角。不留野腻子痕迹，磨完后应打扫干净，并用潮布将磨下的粉末擦净。

3. 刷第一遍油漆

(1) 刷油漆：先将色铅油、光油、清油、汽油、煤油等（冬季可加入适量催干剂）混合在一起搅拌过箩，其重量配合比为铅油 50%、光油 10%、清油 8%、汽油 20%、煤油 10%；可使用红、黄、蓝、白、黑铅油调配成各种所需颜色的铅油涂料，其稠度以达到盖底、不流淌、不显刷痕为准。厚薄要均匀。一樘门或窗刷完后，应上下左右观察检查一遍，有无漏刷、流坠、裹棱及透底现象，最后将窗扇打开钩上梃钩；木门扇下口要用木楔固定。

(2) 刮腻子：待铅油干透后，对于底腻子收缩或残缺处，再用石膏腻子刮一次，要求与做法同 2.(2)。

(3) 磨砂纸：等腻子干透后，用 1 号以下的砂纸打磨，磨好后用潮布将粉末擦净。

(4) 装玻璃：详见玻璃安装工艺标准。

4．刷第二遍油漆

(1) 刷油漆：同第一遍刷油漆。

(2) 擦玻璃、磨砂纸：用潮布将玻璃内外擦干净。注意不得损伤油灰表面和八字角，然后用1号砂纸或旧细砂纸轻磨一遍，方法同前。不要将底油磨穿，要保护好棱角，再用潮布将磨下的粉末擦净。使用新砂纸时需将两张砂纸对磨，把粗大砂粒磨掉，防止磨砂纸时把油膜划破。

5．刷最后一遍油漆

调和漆粘度较大，涂刷时要多刷多理，注意刷油饱满，刷油动作要敏捷，不流不坠，光亮均匀，色泽一致。在玻璃油灰上刷油，应等油灰达到一定强度后方可进行。刷完油漆后要立即仔细检查一遍，如发现有缺陷应及时修整，最后用梃钩同木楔子将门窗固定好。

(三) 冬期施工

冬期施工室内应在采暖条件下进行，室温保持均衡，一般油漆施工的环境温度不宜低于10℃，相对湿度不宜大于60%，不得突然变化。同时应设专人负责开关门窗，以利通风排除湿气。

二、成品保护

(一) 漆前环境清理

刷油前应首先清理好周围环境，防止尘土飞扬，影响油漆质量。

(二) 漆后固定门窗

每遍油漆刷完后，都应将门窗用梃钩钩住或用木楔子固定，防止扇框油漆粘结影响质量和美观，同时防止门窗扇玻璃损坏。

(三) 漆后清理工作

刷油后应立即将滴在地面、窗台、墙面及小五金上的油漆清擦干净。

(四) 漆后保护

油漆完成后应派专人负责看管，禁止摸碰。

三、应注意的质量问题

（一）漏刷

一般多发生在门窗的上、下冒头和靠近合页小面以及门窗框、压缝条的上、下端。其主要原因是内门扇安装油工与木工不配合，故往往造成下冒头未刷油漆就安装门扇了，事后油工除非把门扇合页卸下来重刷。其次是纱扇纱门由于加工来料不配套，不能同步完工。甩项后装及把关不严等，往往有少刷一遍油漆的现象。其他漏刷问题主要是操作者不认真所致。

（二）缺腻子、缺砂纸

一般多发生在合页槽、上下冒头、榫头和钉孔、裂缝、节疤以及边棱残缺处等。主要原因是操作者未认真按照规范和工艺标准去操作所致。

（三）流坠、裹棱

主要原因有两个：一是由于漆料太稀、漆膜太厚或环境温度高、油漆干性慢等原因都易造成流坠；二是由于操作顺序和手法不当，尤其是门窗边棱分色处，如一旦油量大的操作不注意就容易造成流坠、裹棱等现象。

（四）刷纹明显

主要是油刷子小或油刷未泡开，刷毛发硬所致。应选用合适的刷子并将油刷用稀料泡软后使用。

（五）皱纹

主要是漆质不好、兑配不均匀、溶剂挥发快、加催干剂等原因造成。

（六）五金污染

除了操作要细和及时将小五金等污染处清擦干净外，应尽量把门锁、拉手和插销等后装（但可以事先把位置和门锁孔眼钻好），确保五金洁净美观。

（七）倒光

木面吸油快慢不均或木面不平、室内潮湿或底漆未干透及稀释剂过量等原因，都可能产生局部漆面失去光泽的倒光现象。

第七节 木材面漆片清色油漆施工工艺

条件：施工温度保持均衡，不低于10℃，通风良好，环境比较干燥，相对湿度不大于60%，木基层含水率不大于12%。

一、操作工艺
（一）工艺流程

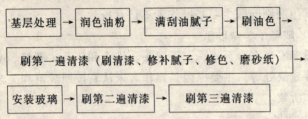

（二）木门窗清色油漆操作工艺

1. 基层处理：首先将木门窗基层面上的灰尘、油污、斑点、胶迹等用刮刀或碎玻璃片刮除干净。注意不要刮出毛刺，也不要刮破抹灰墙面，然后用1号砂纸顺木纹打磨，先磨线角，后磨四口平面，直到光滑为止。

木门窗基层有小块活翘皮时，可用小刀撕掉。重皮的地方应试着用小钉子钉牢固，如重皮较大或有烤糊印疤，应由木工修补。

2. 润色油粉：用大白粉24，松香水16，熟桐油2（重量比）等混合搅拌成色油粉（颜色同样板颜色）装在小油桶内。用棉丝蘸油粉反复涂于木材表面，擦进木材棕眼内，而后用麻布擦净，线角应用竹片除去余粉。注意墙面及五金上不得沾染油粉。待油粉干后，用1号砂纸轻轻顺木纹打磨，先磨线角、裁口，后磨四口平直，直到光滑为止。注意保护棱角，不要将棕眼内油粉磨掉。磨光后用潮布将磨下的粉末、灰尘擦净。

3. 满刮油腻子：腻子的重量配合比为石膏粉20，熟桐油7，水适量（重量比），并加颜料调成石膏色腻子（颜色浅于样板

1~2色）。要注意腻子油性不可过大或过小，如油性大，刷时不易浸入木质内，如油性小，则易钻入木质内这样刷的油色不易均匀，颜色不能一致。用开刀或牛角板将腻子刮入钉孔、裂纹、棕眼内。刮抹时要横刮竖起，如遇接缝或节疤较大时，应用开刀、牛角板将腻子挤入缝内，然后刮平，腻子一定要刮光，不留野腻子。等腻子干透后，用1号砂纸轻轻顺木纹打磨，先磨线角、裁口，后磨四口平面，注意保护棱角，打磨至光滑为止。磨光后用潮布将磨下的粉末擦净。

4. 刷油色。先将铅油（或调和漆）、汽油、光油、清油等混合在一起过箩（颜色同样板颜色），然后倒在小油桶内，使用时经常搅拌，以免沉淀造成颜色不一致。

刷油色时，应从外至内、从左至右、从上至下进行，顺着木纹涂刷。刷门窗框时不得污染墙面，刷到接头处要轻飘，达到颜色一致；因油色干燥较快，所以刷油色时动作应敏捷，要求无缕无节，横平竖直，顺油时刷子要轻飘，避免出刷绺。

刷木窗时，刷好框子上部后再刷亮子；亮子全部刷完后，用梃钩钩住，再刷窗扇；如为双扇窗，应先刷左扇后刷右扇；三扇窗最后刷中间窗；纱窗扇先刷外面后刷里面。

刷木门时，先刷亮子后刷门框、门扇背面，刷完后用木楔将门扇固定，后刷门扇正面；全部刷好后检查是否有漏刷，小五金上沾染的油色要及时擦净。

油色涂刷后要求木材色泽一致，而又不盖住木纹，所以每一个刷面一定要一次刷好，不留接头；两个刷面交接棱口不要互相沾油，沾油后要及时擦掉，达到颜色一致。

5. 刷第一遍清漆

（1）刷清漆：刷法与刷油色相同，但刷第一遍用的清漆应略加一些稀料（汽油）撤光，便于快干。因清漆粘性较大，最好使用已用出刷口的旧刷子，刷时要注意不流、不坠、涂刷均匀。待清漆完全干透后，用1号或旧砂纸彻底打磨一遍，将头遍清漆面上的光亮基本打磨掉，再用潮布将粉尘擦净。

（2）修补腻子：一般要求刷油色后不抹腻子。特殊情况下，可以使用油性略大的带色石膏腻子，修补残缺不全之处，操作时必须使用牛角板刮抹，不得损伤漆膜，腻子要收刮干净，光滑无腻子疤（有腻子疤必面点漆片处理）。

（3）修色：木材表面上的黑斑、节疤、腻子疤和材色不一致处，应用漆片、酒精加色调配（颜色同样板颜色）或用由浅到深漆比色调和漆（铅油）和稀释剂调配，进行修色；材色深的应修浅、浅的提深，将深浅色的木料拼成一色并显出木纹。

（4）磨砂纸：使用细砂纸轻轻往返打磨，然后用潮布擦净粉末。

6. 安装玻璃：详见玻璃安装工艺操作分面工程。

7. 刷第二遍清漆：应使用原桶清漆不加稀释剂（冬季可略加催干剂），刷油动作要敏捷、多刷多理，清漆涂刷要饱满一致，不流不坠、光亮均匀，刷完后再仔细检查一遍，有毛病及时纠正。刷此遍清漆时，操作环境要整洁，宜暂时禁止通行，最后将木门窗用梃钩钩住或用木楔子固定牢固。

8. 刷第三遍清漆：第二遍清漆干透后首先要进行磨光，然后过水布，最后刷第三遍清漆。

（三）冬期施工

冬期施工室内油漆工程，应在采暖条件下进行，室温应保持均衡，一般不宜低于10℃，不得突然变化。同时应设专人负责开关门窗以利于通风、排除湿气。

二、成品保护

（一）漆前环境清理

每遍油漆前，都应将地面、窗台清扫干净，防止尘土飞扬，影响油漆质量。

（二）漆后固定门窗

每遍油漆后，都应将门窗扇用梃钩钩住，防止门窗扇、框油漆粘结，破坏漆膜造成修补及损伤。

（三）漆后清理工作

刷油漆后应将滴在地面、窗台、墙面上的油点清擦干净。

（四）漆后保护

油漆完成后应派专人负责看管。

三、应注意的质量问题

（一）漏刷

漏刷一般多发生在门窗的上、下冒头和靠近合页小面以及门窗框、压缝条的上、下端部和衣柜门框的内侧等。其主要原因是内门扇安装时油工与木工配合不当，故往往下冒头未刷油漆就把门扇安装了，管理不到位，存在少刷一遍油的现象。其他漏刷问题主要是操作者不认真所致。

（二）缺腻子、缺砂纸

一般多发生在合页槽、上中下冒头、榫头和钉孔、裂缝、节疤以及边棱残缺处等。主要原因是操作未认真按照工艺规程进行。

（三）流坠、裹棱

主要原因有两个：一是由于漆料太稀、漆膜太厚或环境温度高、油漆干性慢等都易造成流坠、裹棱；二是由于操作顺序和手法不当，尤其是门窗边棱分色处，如一旦油量大和操作不注意就容易造成流坠、裹棱等现象。

（四）刷纹明显

主要是油刷子小或油刷未泡开，刷毛发硬所致。应选用合适的刷子并将油刷用稀料泡软后使用。

（五）粗糙

主要原因是基层不干净、油漆内有杂质或在尘土飞扬时施工，造成油漆表面发生粗糙现象。应注意用湿布擦净，油漆要过箩，严禁刷油时清扫或刮大风时刷油。

（六）皱纹

主要是漆质不好、兑配不均匀、溶剂挥发快或催干剂过多等原因造成的。

（七）五金污染

防止五金污染除了操作要细，宜将门锁、拉手、插销等五金后装（但可以事先把位置和门锁孔眼钻好），确保五金洁净美观。

第八节　木材面磁漆磨退施工工艺

一、操作工艺

（一）工艺流程

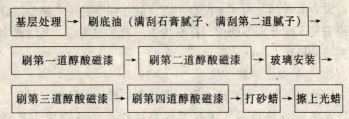

（二）木材表面混色磁漆磨退操作工艺

1. 基层处理：首先用嵌刀或玻璃片将木材表面的油污、灰浆等清理干净，然后磨一遍砂纸，要磨光、磨平，木毛槎要磨掉，阴阳角胶迹要清除，阳角要倒棱、磨圆、上下一致。

2. 刷底油：底油由光油、清油、汽油拌合而成，要涂刷均匀，不可漏刷。节疤处及小孔刮石膏腻子，拌合腻子时可加入适量醇酸磁漆。干燥后磨砂纸，将野腻子磨掉，清扫并用湿布擦净。

满刮石膏腻子，调制腻子时要加适量醇酸磁漆，腻子要调得稍稀些，用刮腻子板满刮一遍，要刮光、刮平。干燥后磨砂纸，将野腻子磨掉，清扫并用湿布擦净。

满刮第二道腻子，大面用钢片刮板刮，要平整光滑。小面用开刀刮，阴角要直。腻子干后用零号砂纸磨平磨光，清扫并用湿布擦净。

3. 刷第一道醇酸磁漆：头道漆可加入适量醇酸稀料调得稍稀，要注意横平竖直涂刷，不得漏刷和流坠，待漆干后进行磨砂纸、清扫并用湿布擦净。如发现有不平之处要及时复抹腻子，干燥后局部磨平、磨光、清扫并用湿布擦净。刷每道漆间隔时间应根据当时气温而定,一般夏季约 6h,春、秋季约 12h,冬季约为 24h 左右。

4.刷第二道醇酸磁漆:刷这一道不加稀料,注意不得漏刷和流坠。干后磨水砂纸,如表面痱子疙瘩多,可用 280 号小砂纸磨。如局部有不光、不平处应及时复补腻子,待腻子干后,磨砂纸、清扫并用湿布擦净。刷完第二道漆后便可进行玻璃安装工作。

5.刷第三道醇酸磁漆:刷法与要求同第二道,这一道可用 320 号水砂纸打磨,但要注意不得磨破棱角,要达到平和光,磨好以后应清扫并用湿布擦净。

6.刷第四道醇酸磁漆:刷漆的方法与要求同第二道。刷完 7d 后应用 320~400 号水砂纸打磨,磨时用力要均匀,应将刷纹基本磨平,并注意棱角不得磨破,磨好后清扫并用湿布擦净待干。

7.打砂蜡:先将原砂蜡加入煤油化成粥状,然后用棉丝蘸上砂蜡涂满一个门面或窗面,用手按棉丝来回揉擦往返多次,揉擦时用力要均匀,擦至出现暗光、大小面上下一致为准(不得磨破棱角),最后用棉丝蘸汽油将浮蜡擦洗干净。

8.擦上光蜡:用干净棉丝蘸上光蜡薄薄擦一层,注意要擦匀擦净,达到光泽饱满为止。

(三)冬期施工

冬期施工室内油漆工程,应在采暖条件下进行,室温应保持均衡,一般宜不低于 10℃,且不得突然变化。同时应设专人负责开关门窗以利于通风、排除湿气。

二、成品保护

(一)漆前环境清理

每遍油漆前,都应将地面、窗台清扫干净,防止尘土飞扬,影响油漆质量。

(二)漆后固定门窗

每遍油漆后，都应将门窗用梃钩钩住或用木楔子固定，防止扇框油漆粘结影响质量和美观，同时防止门窗扇玻璃损坏。

（三）漆后清理现场

刷油后应立即将滴在地面、窗台、墙面及五金上的油漆清擦干净。

（四）漆后保护

油漆完成后应派专人负责看管，禁止摸碰污染。

三、应注意的质量问题

（一）漏刷

一般多发生在门窗的上、下冒头和靠近合页小面以及门窗框、压缝条的上、下端部和衣柜门框的内侧等。其主要原因是门扇安装时下冒头底面未刷漆就进行了安装，事后油工无法继续刷漆（除非把门扇合页卸下来）；把关不严、管理不到位等，存在有少刷一遍的现象。

（二）缺腻子、缺砂纸

一般多发生在合页槽、上中下冒头、榫头和钉孔、裂缝、节疤以及边棱残缺处等。主要原因是操作未认真按照工艺规程进行。例如，棱角腻子不平整：主要原因是腻子抹得不够满，由于腻子收缩引起不平。解决办法是复补几遍腻子，干后用水砂纸打磨平整；阳角局部磨破：主要原因是磨水砂纸时用力不够或漏磨所致。

（三）流坠、裹棱

主要原因有两个：一是由于漆料太稀，漆膜太厚或环境温度高、油漆干性慢等原因都易造成流坠、裹棱；二是由于操作顺序和手法不当，尤其是门窗边棱分色处，如一旦油量大和操作不注意就容易造成流坠、裹棱等现象。

（四）刷纹明显

主要是油刷子小或油刷未泡开，刷毛发硬所致。应选用合适的刷子并将油刷用稀料泡软后使用。

（五）粗糙

主要原因是基层不干净、油漆内有杂质或在尘土飞扬时施工,造成油漆表面发生粗糙现象。应注意用湿布擦净,油漆要过箩,严禁刷油时清扫或刮大风时刷油。

(六)皱纹

主要是漆质不好、兑配不均匀、溶剂挥发快或催干剂过多等原因造成的。

(七)出现亮点

主要原因是打砂蜡时没有揉开所致。

(八)五金污染

除了操作要细和及时将小五金等污染处清擦干净外,应尽量把门锁、拉手、插销等后装(但可以事先把位置和门锁孔眼钻好),确保五金洁净美观。

第九节 木材面硝基清漆施工工艺

一、操作工艺

(一)工艺流程

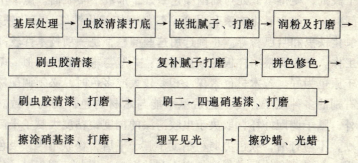

(二)木材面硝基清漆操作工艺

(1)基层处理:木制品本身的含水率不得超过12%。木材面上常粘附着各种污染物,如胶迹、油迹、未刨净的墨线、铅笔线以及灰砂、灰尘、沥青等,应清除干净;对于胶迹、墨线、铅笔线等可用玻璃或刨铁刮掉;对于灰砂、沥青等可用油灰刀刮去，也可用汽油、松香水揩擦沥青污物。这些物质若不清理干净，势必要影响颜色的均匀性、涂料的干燥度、涂膜的附着力和涂层的装饰性。因此，在白坯木材面上施涂涂料前，一定要将这些粘附物清理干净，然后进行打磨。打磨是非常重要的，打磨得光滑与不光滑，平整与不平整，直接影响到整个工件的施涂质量。木材面白坯如打磨得平整光滑，能使以后的每道工序顺利进行，既省工又省料；反之则会给后道工序带来麻烦。因为施涂后再要打磨平整光滑是困难的，往往会造成涂层粗糙、颜色深暗、光泽暗淡等，以致浪费工料。因此，木材面如有刨迹可用 $1\frac{1}{2}$ 号木砂纸包软木或橡皮打磨，线角要磨滑顺，如有硬刺、木丝、绒毛不易打磨时，可用排笔涂上酒精点火燃烧，使木刺等变硬后再打磨。总之，木材面白坯一定要清理干净、打磨平滑。

(2) 虫胶清漆打底：用虫胶：酒精 = 1:6 的虫胶清漆施涂一遍，应施涂均匀、不漏刷。

(3) 嵌批虫胶清漆腻子及打磨；木材表面的虫眼、钉眼、细小裂纹以及木节等缺陷，用虫胶液、老粉、颜料调拌成的虫胶腻子嵌批，使得填嵌处与周围颜色一致，形成平整表面。腻子中的颜料，一般为氧化铁系和混合型颜料，如氧化铁红、氧化铁黄、氧化铁黑和哈巴粉等。正确选用这些颜料，是一项技术性较高的工作。加色要根据样板的颜色而定，一般与木材原色相似，略浅于原色为好。若木材色素深浅相差较大或多色时，必须调配深浅有别的多种腻子，使上色后腻子能与木材的色泽均匀一致。另外，腻子调配好坏，取决于虫胶清漆的稠度，粘度大腻子干后坚硬，不易打磨，吸色力弱；粘度小腻子干后，松软不牢，吸色力强，两者都会给后道工序带来不利的影响。因此，调配腻子的虫胶清漆稀稠度要适中，一般虫胶与酒精的配合比以 1:5~6 为宜。腻子调配得好，可使以后各道工序都能达到满意的效果。

满批腻子干燥后，要用 1 号或 $1\frac{1}{2}$ 号木砂纸打磨平整，并掸扫干净。

(4) 润粉及打磨：润粉俗称润老粉，主要是在木材面上起填孔和着色的作用。润粉可分油粉和水粉两种，其重量配合比以及润粉揩涂的操作方法与虫胶清漆带浮石粉理平见光工艺中润粉相同。润粉干燥后要仔细检查，并用1号旧砂纸轻轻打磨，掸去余粉和清理干净。

(5) 施涂虫胶清漆：虫胶清漆的重量配合比为虫胶：酒精 = 1:5~6。施涂虫胶清漆的动作要快，刷子蘸漆不能过多，并要顺木纹一来一去刷匀，做到不漏刷、无流挂。

(6) 复补腻子及打磨：待第一遍虫胶清漆施涂干后要检查是否有砂眼及洞缝，如果有，则用虫胶腻子复补。复补腻子时应注意，不能超过缝眼，干后用0号砂纸打磨，掸扫干净。

(7) 拼色、修色：可用酒色和水色，其方法与虫胶清漆带浮石粉理平见光工艺中拼色、修色相同。

(8) 施涂虫胶清漆及打磨：拼色和修色后，待其干燥，施涂一遍虫胶：酒精 = 1:4~5 的虫胶清漆，施涂时应刷匀，无漏刷，无流挂等。干燥后用0号或1号旧砂纸打磨光滑并掸扫干净。

(9) 施涂硝基清漆二至四遍及打磨：先将厚稠的硝基清漆：香蕉水 = 1:1~1.5 混合搅拌均匀后，用8~12管不脱毛的羊毛排笔施涂2~4遍。施涂时要注意，硝基清漆和香蕉水的渗透力很强，在一个地方多次重复回刷，容易把底层涂膜泡软而揭起，所以施涂时要待下层硝基清漆干透后进行。用排笔蘸漆后依次施涂，刷过算数。不得多次重复回刷。同时还要掌握漆的稠度，因为稠度大，则刷劲力大，容易揭起，因此硝基清漆与香蕉水的重量配合比以 1:1~1.5 为宜。由于稀释剂挥发快，施涂时操作要迅速，并做到施涂均匀，无漏刷、流挂、裹棱、起泡等缺陷，也不能刷出高低不平的波浪形。总之，施涂时要胆大心细，均匀平整，不遗漏。

每遍硝基清漆施涂的干燥时间，常温时30~60min能全部干燥。每遍施涂干燥后都要用0号旧木砂纸打磨，磨去涂膜表面的细小尘粒和排笔毛等。

(10) 揩涂硝基清漆及打磨：硝基清漆经过数遍施涂，从表面上看虽已有些平整光亮，但实际上却尚未干透，涂层中的稀料仍在继续挥发，经过实干后，表面会产生显眼，这种现象称为渗眼。这是因为硝基清漆的固体含量较低，只占20%左右，而80%左右的稀料则随空气挥发掉，在挥发的同时，漆液在木纹孔内随着干燥而收缩，形成渗眼。为了获得平整涂膜，消除渗眼现象，必须将硝基清漆用揩涂方法进行一次又一次的揩擦涂厚，直到棕眼内漆液饱满，干结后不渗眼为止。

揩涂硝基清漆是传统的手工操作，工具是纱布包棉花，俗称棉花团，用棉花团浸透漆液（漆液调配为厚稠的硝基清漆：香蕉水 = 1:0.8～1）往物面揩涂。揩涂的方法是多样的，有横圈、直圈、绕圈、长圈和8字圈等。首先顺木纹揩涂，然后横向圈，再纵向圈揩涂，或者采用其他方法揩涂。总之，不论用什么方法，其目的是使漆液尽快地进入木纹管孔，达到饱满状态，使表面涂层平整。揩涂也要按一定规则依次进行，不能胡乱揩涂一通。揩涂时棉花团拖到哪里，眼睛就要看到哪里，防止棉花团压紧受力而使周围硝基清漆鼓起。当整个物面全部揩到，棕眼揩没，涂层饱满平整，理直化平，基本上好后，放置2～3d使其干燥，充分渗眼。然后，用280号水砂纸垫软木加肥皂水打磨，将面上的粘附杂质和涂膜高低处磨去，使涂膜初步平整，除去水迹，干燥后再进行揩涂。

(11) 揩涂硝基清漆并理平见光：揩涂第二遍硝基清漆的稠度要比第一遍时稀一些（硝基清漆：香蕉水为1:1～2），此时不能采用模圈或8字圈的揩涂方法，而必须采用直圈拖去法。首先可以分段直拖，拖至基本平整，再顺木纹通长直拖，并一拖到底。最后用棉花团蘸香蕉水压紧，顺木纹方向理顺至理平见光。

(12) 擦砂蜡、光蜡：1）擦砂蜡：在砂蜡内加入少量煤油，调制成糨糊状，用干净棉纱或纱布蘸取砂蜡后顺木纹方向用力来回擦。物面上的蜡要尽量擦净，最好擦到漆面有些发热，面上的微小颗粒和纹路都擦平整。擦涂的面积由小到大，当表面出现光泽后,用干净棉纱将表面残余的砂蜡擦揩干净。但要注意不可长时间在局部擦涂,以免涂膜因过热软化而损坏。2)擦光蜡:用纱头将光蜡敷于物面上,要求上满、上薄、上匀。然后用绒布擦拭,直到面上闪闪发光为止。达到整个物面木纹清晰,色泽鲜美,精光锃亮。

二、操作的注意事项

1. 操作者要加强环境通风,防火,防香蕉水挥发中毒。

2. 配好的硝基清漆及用剩的漆片要放在陶罐内,加盖密封,不可存放于金属器皿内,以防日久发黑。

3. 揩涂硝基清漆工艺有初、中、高级之分。一般初级为揩涂一遍,中级为两遍,高级为三遍。

第十节 木材面聚氨酯清漆施工工艺

操作工艺

(一)工艺流程

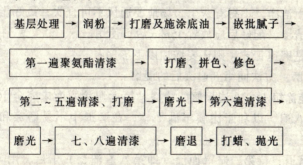

(二)操作工艺要点

1. 基层处理:表面清洁,必要时漂白。

2. 润粉:配合比为老粉:水:颜料=1:0.4:适量,水粉颜色按样板调色。棕眼须润到润满,均匀着力,顺木纹揩涂,快速,整洁,干净,防止木纹擦伤、漏抹。

3. 打磨及施涂底油:待老粉干透后进行,底油宜薄不宜厚,配方为聚氨酯清漆:香蕉水 = 1:1，或熟桐油:松香水 = 1:1.5。

4．打磨及嵌批复补石膏腻子：待底油干透后，顺木纹打磨，并掸净表面，嵌批 1~2 遍油腻子，做到批实批满，不留批板痕迹。每遍干后都用 1~1.5 号木砂纸磨平整，掸干净。对局部的细小缺陷要复补。

5．打磨及施涂第一遍聚氨酯清漆：聚氨酯清漆为双组分涂料，使用时，甲、乙组分按厂家给出的配合比调拌均匀，顺木纹涂刷，宜薄不宜厚。

6．打磨和拼色、修色：对较大的面积与样板色不一致时，可用水色，对面积较小的如腻子、节疤等可用酒色。

7．施涂 2~5 遍的聚氨酯漆并交替打磨：涂刷要均匀一致，每遍干透后，都要用 1 号或 1.5 号旧木砂纸打磨一遍。把涂膜上的细小颗粒磨掉掸净后才能涂下一遍漆。第五遍漆干后可用 280~320 号的水砂纸打磨，把大约 70% 的光磨倒。然后，擦去浆水并用清水揩抹干净。

8．施涂第六遍聚氨酯漆：此道为刷亮工艺的罩面漆，要求被涂物表面洁净，不得有灰尘，场地要通风不可直吹，最好能用新开启的清漆，配好后应放置 15min 后再使用。

如果是磨退工艺，则还要增加以下工序：

9．湿磨：方法同第五遍漆后的湿磨。

10．施涂第七、八遍聚氨酯清漆：第七遍涂膜尚未完全干透时，涂第八遍，以利于涂膜丰满平整，在磨退中不易磨穿和磨透。

11．磨退：待第二遍罩面漆（即第八遍清漆）干后，用 400~500 号水砂纸蘸肥皂水磨退涂膜表面光泽，要用力均匀，磨平、磨细腻，将光泽全部磨倒，揩净表面。

12．打蜡、抛光：用新软的棉纱头敷砂蜡，顺木纹擦。砂蜡，擦出亚光，再用抛光机抛光，最后用油蜡擦亮。

第十一节 木材面丙烯酸清漆磨退施工工艺

一、操作工艺
（一）工艺流程

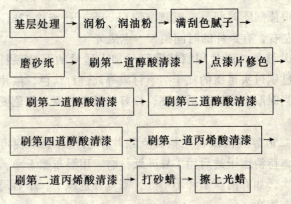

（二）木材表面丙烯酸清漆磨退操作工艺

1. 基层处理：清除表面的尘土和油污。如木材表面粘污机油，可用汽油或稀料将油污擦洗干净。清除尘土、油污后磨砂纸，大面可用砂纸包 $5cm^3$ 的短木垫着磨，要求磨平、磨光，并清扫干净。

2. 润油粉：油粉是根据样板颜色用大白粉、红土子、黑漆、地板黄、清油、光油等配制而成的。油粉调得不可太稀，以调成粥状为宜。

润油粉刷擦均可，擦时用麻断成 30～40cm 左右长的磨头来回揉擦，包括边、角等都要擦润到并擦净。线角用牛角板刮净。

3. 满刮色腻子：色腻子由石膏、光油、水和石性颜料调配而成。色腻子要刮到、收净，不应漏刮。

4. 磨砂纸：待腻子干透后用 1 号砂纸打磨平整，磨后用干布擦抹干净。再用同样的色腻子满刮第二道，要求和刮头道腻子相同。刮后用同样的色腻子将钉眼和缺棱掉角处补刮腻子，刮得饱满平整。干后磨砂纸，打磨平整，做到木纹清，不得磨破棱角，磨光后清扫并用湿布擦净、晾干。

5. 刷第一道醇酸清漆：涂刷时要横平竖直，薄厚均匀，不流不坠，刷纹通顺，不许漏刷，干后用 1 号砂纸打磨，并用湿布擦净，晾干。

以后每道漆间隔时间，一般夏季约 6h，春、秋季约 12h，冬季约为 24h 左右，有条件的时间稍长一点更好。

6. 点漆片修色：漆片用酒精溶解后加入适量的石性颜料配制而成，对已刷过头道漆的腻子疤、钉眼等处进行修色，漆片加颜料要根据当时颜色深浅灵活掌握，修好的颜色与原来颜色要求基本一致。

7. 刷第二道醇酸清漆：先检查点漆片修色符合要求便可刷第二道清漆，待清漆干透后用 1 号砂纸打磨，用湿布擦干净，再详细检查一次，如有漏腻子和不平处，需复补色腻子，干后局部磨平并用湿布擦净。

8. 刷第三道醇酸清漆：待第三道醇酸清漆干后用 280 号水砂纸打磨，磨好后擦净，其余操作方法同第一道刷漆。

9. 刷第四道醇酸清漆：刷完第四道醇酸清漆后，要等 4~6d 后用 280~320 号水砂纸进行打磨，磨光、磨平，磨后擦干净。

10. 刷第一道丙烯酸清漆：丙烯酸清漆分甲、乙两组，一号为甲组，二号为乙组，配合比一号为 40%，二号为 60%（重量比），根据当时气候加适量稀释剂二甲苯。由于这种漆挥发较快、要用多少配制多少，最好按半天工作量计算，刷时要求动作快、刷纹通顺、厚薄均匀一致、不流不坠、不得漏刷，干后用 320 号水砂纸打磨，磨完后用湿布擦净。

11. 刷第二道丙烯酸清漆：待第一道刷后 4~6h。可刷第二道丙烯酸清漆，刷的方法和要求同第一道。刷后第二天用 320~380 号水砂纸打磨，磨砂纸用力要均匀，从有光磨至无光直至"断斑"，不得磨破棱角，磨后擦拭干净。

12. 打砂蜡：首先将原砂蜡掺入煤油调成粥状，用双层呢布头蘸砂蜡往返多次揉擦，力量要均匀，边角线都要揉擦不可漏擦，棱角不要磨破，直到不见亮星为止。最后用干净棉丝蘸汽油将乳蜡擦净。

13．**擦上光蜡**：用干净白布将上光蜡包在里面，收口扎紧，用手揉擦，擦匀、擦净直至光亮为止。

（三）冬期施工

冬期施工室内油漆工程应在采暖条件下进行，室温保持均衡，不宜低于10℃，且不得突然变化，同时应设专人负责开关门窗，以利于通风排除湿气。

二、成品保护

（一）漆前环境清理

刷油前首先清理好周围环境，防止尘土飞扬，影响油漆质量。

（二）漆后固定门窗

在涂刷每道油漆时要注意环境，刮大风天气和清理地面时不得涂刷。刷完每道油漆后，要把门窗扇用桯钩或木楔子固定，避免扇框粘坏油皮。

（三）漆后及时清理

注意不得磕碰和弄脏门窗扇框。掉在地面上的油迹要及时清擦干净。

（四）漆后专人管理

油漆完成后应派专人负责看管。

三、应注意的质量问题

（一）棱角腻子不平整

主要是腻子抹得不饱满以及收缩引起。解决办法是重补腻子，直至达到平整为止，干后用砂纸打磨平整。

（二）磨破棱角

主要是门窗棱角容易磨穿磨破，磨水砂纸和打蜡时不要用力过猛。要轻磨轻打才能保持棱角完整。

（三）流坠

主要是涂刷不均、涂层过重、刷时沾油过多，施涂不匀或温度过低等造成。解决措施是发现流坠处应及时用水砂纸磨平。

（四）五金污染

除了操作要细和及时将小五金等污染处清擦干净外，应尽量后装门锁、拉手和插销等（但可以事先把位置和门锁孔眼钻好），确保五金洁净美观。

第十二节　金属面油漆施工工艺

一、操作工艺

（一）工艺流程

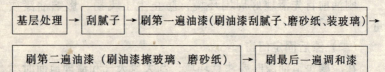

以上是钢门窗和金属面混色油漆中级做法的工艺流程。如果是普通混色油漆工程，其做法与工艺基本相同，不同之处，除少刷一遍油漆外，只找补腻子，不满刮腻子。

（二）钢门窗和金属面混色油漆操作工艺

1. 基层处理：清扫、除锈、磨砂纸。首先将钢门窗和金属面上浮土、灰浆等打扫干净。已刷防锈漆但出现锈斑的钢门窗或金属面，须用铲刀铲除底层防锈漆后，再用钢丝刷和砂布彻底打磨干净，补刷一道防锈漆。待防锈漆干透后，将钢门窗或金属面的砂眼、凹坑、缺棱、拼缝等处，用石膏腻子刮抹平整（金属表面腻子的重量配合比为石膏粉20，熟桐油5，油性腻子或醇酸腻子10，底漆7，水适量，腻子要调成不软、不硬、不出蜂窝、挑丝不倒为宜）。待腻子干透后，用1号砂纸打磨，磨完砂纸后用潮布将面上的粉末擦干净。

2. 刮腻子：用嵌刀或橡皮刮板在钢门窗或金属面上满刮一遍石膏腻子（配合比同上），要求刮的薄，收的干净，均匀平整无飞刺。待腻子干透后，用1号砂纸打磨，注意保护棱角，要求达到表面光滑，线角平直，整齐一致。

3. 刷第一遍油漆

（1）刷油漆（或醇酸无光调和漆）；铅油用色铅油、光油、清油和气油配制而成，配合比同前，经过搅拌后过箩，冬季宜加催干剂。油的稠度以达到盖底、不流淌、不显刷痕为宜，油漆的颜色要符合样板的色泽。刷油漆时先从框上部左边开始涂刷，框边刷油时不得刷到墙面上，要注意内外分色。厚薄要均匀一致，刷纹必须通顺，框子上部刷好后再刷亮子。全部亮子刷完后再刷框子下半部。刷窗扇时如两扇窗，应先刷左扇后刷右扇；三扇窗者最后刷中间一扇。窗扇外面全部刷完后，用梃钩钩住再刷里面。

刷门时先刷亮子，再刷门框及门扇背面，刷完后用木楔将门扇下口固定，全部刷完后应立即检查一下有无遗漏，分色是否正确，并将小五金等沾染的油漆擦干净。要重点检查线角和阴阳角处有无流坠、漏刷、裹棱、露底等毛病，应及时修整达到色泽一致。

（2）刮腻子：待油漆干透后，对于底腻子收缩或残缺处，再用石膏腻子补刮一次。

（3）磨砂纸：待腻子干透后，用1号砂纸打磨，磨好后用潮布将磨下的粉末擦净。

（4）装玻璃：详见玻璃安装操作工艺标准。

4. 刷第二遍油漆

（1）刷油漆：同第一遍刷油漆。

（2）擦玻璃、磨砂纸：使用潮布将玻璃内外擦干净，注意不得损伤油灰表面和八字角。磨砂纸应用1号砂纸或旧砂纸轻磨一遍，但注意不要把底漆磨穿，要保护棱角。磨好砂纸后应打扫干净，用潮布将磨下的粉末擦干净。

5. 刷最后一遍调和漆：由于调和漆粘度较大，涂刷时要多刷多理，刷油饱满、不流不坠、光亮均匀、色泽一致。在玻璃油灰上刷油，应等油灰达到一定强度后方可进行，刷油动作要敏捷，刷时轻，油要均匀，不损伤油灰表面光滑，八字见线。刷完油漆后要立即仔细检查一遍，如发现有毛病应及时修整。最后用梃钩或木楔子将门窗扇打开固定好。

以上是钢门窗和金属面中级混色油漆做法。如果是普通混色油漆工程，其做法与工艺基本相同，所不同之处，除少刷一遍油漆外，只找补腻子，不满刮腻子。

（三）冬期施工

冬期施工室内油漆工程，应在采暖条件下进行，室温保持均衡，一般油漆施工的环境温度不宜低于10℃，相对湿度为60%，不得突然变化。同时应设专人负责开关门窗，以利通风排除湿气。

二、成品保护

（一）漆前环境清理

刷油漆前应首先清理好周围环境，防止尘土飞扬，影响油漆质量。

（二）漆后固定门窗

每遍油漆刷完后，都应将门窗用梃钩钩住或用木楔固定，防止扇框油漆粘结影响质量和美观，同时防止门窗扇玻璃损坏。

（三）漆后清理工作

刷油后应立即将滴在地面、窗台、墙面及五金上的油漆清擦干净。

（四）漆后专人保护

油漆完成后应派专人负责看管，禁止摸碰。

三、应注意的质量问题

（一）漏刷、反锈

1. 反锈一般多发生在钢门窗和金属面等工程。一是产品在出厂前由于没认真除锈就涂刷防锈涂层；二是由于运输和保管不好碰破了防锈漆；三是钢门窗或金属面在安装之前未认真进行检查和补做除锈、涂刷防锈涂层工作，后者是应注意的主要质量问题。

2. 漏刷则多发生于钢门窗的上、下冒头和靠近合页小面以及门窗框、压缝条的上、下端。其主要原因是内门扇安装未与油工配合好，故往往发生下冒头未刷油漆就安装门扇，事后油工无法继续刷漆（除非把门扇合页卸下来重刷）；再有是钢纱门和钢纱窗在绷纱之前未预先把分项的油漆刷上就绷纱。同时有少刷遍数的现象。其他漏刷问题主要是操作者不认真所致。

（二）缺腻子、缺砂纸

一般多发生在合页槽、上下冒头、框件接头和钉孔、拼缝以及边棱伤痕处等。主要原因是操作未认真按照工艺规程进行。

（三）流坠、裹棱

主要原因有两个：一是由于漆料太稀，漆膜太厚或环境温度高，油漆干性慢等原因都易造成流坠；二是由于操作顺序和手法不当，尤其是门窗边棱分色处，如一旦油量大和操作不注意就容易造成流坠、裹棱等现象。

（四）刷纹明显

主要是油刷子小或油刷未泡开，刷毛发硬所致。应用相应合适的刷子并把油刷用稀料泡软后使用。

（五）皱纹

主要是漆质不好、兑配不均匀、溶剂挥发快或气温高、加催干剂等原因造成。

（六）五金污染

预防办法是操作要细致和及时将小五金等污染处清擦干净，确保五金洁净美观。

第十三节　混凝土及抹灰面刷涂料施工工艺

一、操作工艺

（一）工艺流程

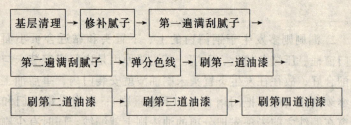

(二)操作工艺

1. 基层清理：将墙面上的灰渣等杂物清理干净，用扫帚将墙面浮土扫净。

2. 修补腻子：用石膏腻子将墙面磕碰处、麻面、缝隙等处找补好，干燥后用砂纸将凸出处磨掉。

3. 第一遍满刮腻子：满刮一遍腻子，干燥后用砂纸将墙面的腻子残渣、斑迹磨平磨光，然后将墙面清扫干净。腻子配比为滑石粉（或大白粉）：乳液：2%羧甲基纤维素水溶液 = 5:1:3.5（重量比）。厨房、厕所、浴室应用聚醋酸乙烯乳液:水泥:水 = 1:5:1耐水性腻子。

4. 第二遍满刮腻子（高级涂料）：腻子配比与操作方法与第一遍腻子相同。干燥后个别地方再复补腻子，个别大孔洞可复补石膏腻子，干燥后用砂纸打磨平整、清扫干净。

5. 弹分色线：如墙面有分色线应在涂刷油漆前弹线，先刷浅色油漆后刷深色油漆。

6. 刷第一道涂料：可刷铅油，它是一种遮盖力强的涂料，是罩面漆基层的底漆。铅油的稠度以盖底、不流淌、不显刷痕为宜。刷每面墙的顺序应从上到下，从左到右，不应乱刷以免漏刷或涂刷过厚、不匀。第一遍油干燥后，个别缺陷或漏抹腻子处要复补腻子，干燥后磨砂纸，把小疙瘩、腻子渣、斑迹磨平、磨光，然后清扫干净。

7. 第二道涂料（如墙面为中级涂料，此道刷铅油，如为高级油漆此道可刷调和漆）：涂刷方法同第一道油漆，干燥后用较细砂纸把墙面打磨光滑，清扫干净。同时用潮湿擦布将墙面擦抹一遍。

8. 刷第三道涂料：用调和漆涂刷，如墙面为中级涂料，此道工序可作罩面漆，即最后一道油漆。由于调和漆粘度较大，涂刷时就多刷多理，这样漆膜饱满，薄厚均匀一致，不流不坠。

9. 刷第四道涂料：用醇酸磁漆涂刷，如墙面为高级涂料，此道工序称为罩面漆即最后一道油漆，如最后一道油漆改用无光调和漆，可将第二道铅油改为有光调和漆，其余做法相同。

二、成品保护

（一）涂刷时场地整洁

涂刷墙面涂料时，不得污染地面、踢脚、阳台、窗台、门窗及玻璃等已完的工程。

（二）涂刷后空气流通

最后一道涂料涂刷完，空气要流通，以防漆膜干燥后表面无光或光泽不足。

（三）涂刷时远离明火

明火不要靠近墙面，不得磕碰弄脏墙面。

（四）涂刷后漆面保护

涂料未干前，室内环境干净，不应打扫地面等，防止灰尘沾污墙油漆。

三、应注意的质量问题

（一）油漆流坠

产生原因是涂料太稀，涂刷过厚干燥太慢，施工环境温度过高，墙面不平整或有油、水等污物。防治方法是选择挥发性适当的稀释剂，墙面应清理干净表面没有油污，环境温度适当，涂刷均匀一致。

（二）透底

产生原因是刷油漆前没有把油漆调和均匀，稀释剂加入太多破坏了原漆稠度；底子油虚或色重。防治方法是严格控制油漆稠度，不要随意在油漆中加稀释剂，底子油漆色要浅于交活油漆色。

（三）漆面失光

产生原因是墙面不平整漏刮腻子或漏磨砂纸，涂料质量不好或加入稀释剂过多，施工环境温度过低或温度过高等。防治方法是加强基层表面处理，腻子不漏刮，全面磨砂纸，选用优良品种的油漆涂料，施工时不随意加入稀释剂，涂刷时必须前一道工序干燥后再涂刷下一道工序的油漆，施工环境要合适。

（四）出现接头

产生原因是油漆干燥太快，或者操作工人不足。防治方法是油漆如果干燥太快可稍加清油。施工时操作工人要配足，施工面不宜铺的过大，人与人的距离不宜过宽。

第十四节　混凝土及抹灰面刷乳胶漆施工工艺

一、操作工艺

（一）工艺流程

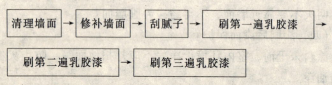

（二）操作工艺

1. 清理墙面：将墙面起皮及松动处清除干净，并用水泥砂浆补抹，将残留灰渣铲干净，然后将墙面扫净。

2. 修补墙面：用水石膏将墙面磕碰处及坑洼缝隙等处找平，干燥后用砂纸将凸出处磨掉，将浮尘扫净。

3. 刮腻子：刮腻子遍数可由墙面平整程度决定，一般情况为三遍，腻子重量配比为乳胶:滑石粉（或大白粉）:2%羧甲基纤维素 = 1:5:3.5。厨房、厕所、浴室用聚醋酸乙烯乳液:水泥:水 = 1:5:1 耐水性腻子。第一遍用胶皮刮板横向满刮，一刮板紧接着一刮板，接头不得留槎，每刮一刮板最后收头要干净利落。干燥后磨砂纸，将浮腻子及斑迹磨光，再将墙面清扫干净。第二遍用胶皮刮板竖向满刮，所用材料及方法同第一遍腻子，干燥后砂纸磨平并清扫干净。第三遍用胶皮刮板找补腻子或用钢片刮板满刮腻子，将墙面刮平刮光，干燥后用细砂纸磨平磨光，不得遗漏或将腻子磨穿。

4. 刷第一遍乳胶漆：涂刷顺序是先刷顶板后刷墙面，墙面是先上后下。先将墙面清扫干净，用布将墙面粉尘擦掉。乳胶漆用排笔涂刷，使用新排笔时，将排笔上的浮毛和不牢固的毛理掉。乳胶漆使用前就搅拌均匀，适当加水稀释，防止头遍漆刷不开。干燥后复补腻子，再干燥后用砂纸磨光，清扫干净。

5. 刷第二遍乳胶漆：操作要求同第一遍，使用前充分搅拌，如不很稠，不宜加水，以防透底。漆膜干燥后，用细砂纸将墙面小疙瘩和排笔毛打磨掉，磨光滑后清扫干净。

6. 刷第三遍乳胶漆：做法同第二遍乳胶漆。由于乳胶漆膜干燥较快，应连续迅速操作，涂刷时从一头开始，逐渐刷向另一头，要上下顺刷互相衔接，后一排紧接前一排笔避免出现干燥后接头。

二、成品保护

（一）涂刷后漆面保护

涂料墙面未干前室内不得清刷地面，以免粉尘沾污墙面，漆面干燥后不得挨近墙面泼水，以免泥水沾污。涂料墙面完工后要妥善保护，不得磕碰损坏。

（二）涂刷时环境保护

涂刷墙面时，不得污染地面、门窗、玻璃等已完工程。

三、应注意的质量问题

（一）透底

产生原因是漆膜薄，因此刷涂料时除应注意不漏刷外，还应保持涂料乳胶漆的稠度，不可加水过多。

（二）接槎明显

涂刷时要上下刷顺，后一排笔紧接前一排笔，若间隔时间稍长，就容易看出明显接头，因此大面积涂刷时，应配足人员，互相衔接。

（三）刷纹明显

涂料（乳胶漆）稠度要适中，排笔蘸涂料量要适当，多理多顺，防止刷纹过大。

（四）分色线不齐

施工前应认真划好粉线，刷分色线时要靠放直尺，用力均匀，起落要轻，排笔蘸量要适当，从左向右刷。

（五）配料要合适

涂刷带颜色的涂料时，配料要合适，保证独立面每遍同一批涂料，并宜一次用完，保证颜色一致。

第十五节　混凝土及抹灰面喷浆施工工艺

一、操作工艺

（一）工艺流程

（二）操作工艺

1. 基层清理：混凝土墙面表面的浮砂、灰尘、疙瘩要清除干净，表面的隔离剂、油污等应用碱水（火碱：水＝1:10）清刷干净，然后用清水冲洗墙面，将墙面上的碱液洗刷净。

2. 喷、刷胶水：刮腻子之前在混凝土墙面上先喷、刷一道胶水（重量配比为水：乳液＝5:1），要喷、刷均匀，不得有遗漏。

3. 局部刮腻子：用石膏腻子将缝隙及坑洼不平处找平，应将腻子填实补平，并将多余的废腻子收净，腻子干后，用砂纸磨平，并把浮尘扫净。如发现还有腻子塌陷处和凹坑应重新复找腻子使之补平。石膏腻子配合比为：石膏粉：乳液：纤维素水溶液＝100:4.5:60，其中纤维素水溶液为3.5%。

4. 石膏墙面拼缝处理：石膏板和轻条板墙上糊一层玻璃网格布或绸布条，用乳液将布条粘在缝上，粘条时应把布打拉直糊平，并刮石膏腻子一道。

5. 满刮腻子：根据墙体基层的不同和浆活等级要求不同，刮腻子的遍数和材料也不同。如混凝土墙，应刮二道石膏腻子和 1~2 道大白腻子；抹灰墙及石膏板墙可以刮二道大白腻子即可达到喷浆的基层要求。刮腻子里应横竖刮，并应注意接槎和收头时腻子要刮净。每道腻子干后，应磨砂纸，将腻子磨平磨完后将浮尘擦净。如面层要涂刷带颜色的浆料时，将腻子中掺入相同颜色的适量颜料。腻子配合比为乳液：滑石粉（或大白粉）：20%纤维素 = 1:5:3.5（重量比）。

6. 喷第一道浆：喷浆前应先将门窗口边圈用排笔刷好，如墙面和顶棚为两种颜色时，应在分色线处用排笔齐线并刷 20cm 宽以利接槎，然后再大面积喷浆。喷浆顺序应先顶棚后墙面，先上后下顺序进行。喷浆时喷头距墙面为 20~30cm 移动速度要平稳，使涂层厚度均匀。顶板为槽形板时，应先喷凹面四周的内角再喷中间平面，浆活配比与调制方法如下：

(1) 调制石灰浆

①将生石灰块放入容器内加入适量清水，直至块灰熟化后按比例加入清水。其配合比为生石灰：水 = 1:6（重量比）。

②将食盐溶成盐水，掺盐量为石灰浆重量的 0.3%~0.5%，将盐水倒入石灰浆内搅拌均匀，再用 50~60 目的钢丝箩地滤，所得浆液即可施喷。

(2) 调制大白浆

①将大白粉破碎放入容器中，加清水拌合成浆。

②将羧甲基纤维素放入缸内，加水搅拌使之溶解。其拌合配合比为羧甲基纤维素：水 = 1:40（重量比）。

③聚醋酸乙烯乳液加水稀释与大白粉拌合，其配合比例为大白粉：乳液 = 10:1。

④将以上三种浆液按大白：乳液：纤维素 = 100:13:16 混合搅

拌后,过80目钢丝箩,拌匀后即成大白浆。

⑤配色浆:先将颜料用水溶开,过箩后放入大白浆中。

⑥配可赛银浆:将可赛银粉放入容器内,加清水溶解搅匀后即为可赛银浆。

7. 复找腻子:第一遍浆干后,对墙面上的麻点、坑洼、刮痕等用腻子重新复找刮平,干后用细砂纸轻磨,并把粉尘扫净,达到表面光滑平整。

8. 喷第二遍浆:方法同喷第一遍浆。

9. 喷交活浆:第二遍浆干后,用细砂纸将粉尘、溅沫、喷点等轻轻磨去,并打扫干净,即可喷交活浆,交活浆应比第二遍浆的胶量适当增大点,防止喷浆的涂层掉粉。

10. 喷内墙涂料、耐擦洗涂料等,基层处理与喷刷浆相同,面层涂层使用建筑涂料产品涂刷即可,并可参照产品使用说明处理。

11. 室外刷浆

(1) 砖混结构的窗台、券脸、窗套等部位在拌大白灰时就湿刮一层白水泥膏,使之与面层压实在一起,将滴水线(槽)按规矩预先埋设好,并就灰层未干紧跟着涂刷第一遍白水泥浆(配比:白水泥加水重20%108胶拌匀),涂刷时可用油刷或排笔,自上而下涂刷,注意应少蘸勤刷,防止污染。

第二天再涂刷第二道,达到涂层无花感、盖底为止。

(2) 预制混凝土阳台底板、阳台分户板、阳台栏板涂刷

1) 一般习惯做法:清理基层,刮水泥腻子1~2遍找平,磨砂纸,再复找水泥腻子,刷外墙涂料,以涂刷均匀、盖底为交活。

2) 根据室外气候影响变化大的特点,应选用防潮及防水涂料施涂,工艺流程要点是:

清理基层,刮聚合水泥腻子1~2遍(配比为用水重20%的108胶水拌合水泥,成为膏状物),干后磨平,对塌陷之处重新补平,干后磨砂纸。涂刷聚合物水泥浆(配比为用水重20%的

108胶水拌合水泥，辅以颜料后成为浆液，用于涂刷），或用防潮、防水涂料进行涂刷。应先刷边角，再刷大面，均匀地涂刷一遍，干后再刷第二遍，达到要求即可交活。

（三）冬期施工

1. 利用冻结法抹灰的墙面不宜进行涂刷。

2. 涂刷聚合水泥浆应根据室外温度掺入外加剂，外加剂的材质与涂料材质匹配，外加剂的掺量应由试验决定。

3. 涂料冬期施工应根据材质使用说明书进行施工及使用，以防受冻。

4. 外檐涂刷早晚温度低不宜施工。

二、成品保护

（一）施工喷浆工程前应加强门窗油漆的防污染及对已做完饰面层的保护措施。

（二）对已完成的喷刷浆成品做好保护，防止其他工序对产品的污染和损坏。

（三）室内浆活进行修理时，应注意已装好的电气开关、插销座等电气产品及设备管道的保护，防止喷浆时造成污染。

（四）应先将门窗洞口用排笔刷出后，再进行大面积浆活的施工，以减少污染。

（五）喷浆前应对已完成的地面面层进行保护，防止落浆造成污染。

（六）油工的料房，墙应先行进行遮挡和保护后再施工。

（七）移动浆桶、喷浆机等施工工具严禁在地面上拖拉，防止损坏地面面层。

三、应注意的质量问题

（一）喷浆面粗糙

主要原因是基层处理不彻底，打磨不平，刮腻子时没将腻子收净；干燥后打磨不平，清扫不净；大白粉细度不够，喷头孔径大，浆颗粒粗糙。

（二）浆皮开裂

墙面粉尘没清理干净，腻子干后收缩形成裂纹；墙面凸凹不平腻子超厚产生的裂纹。

（三）脱皮

原因是喷浆层过厚，面层浆内胶量过大，基层胶量少强度低，干后，面层浆形成硬壳使之开裂脱皮。故应掌握好浆内的胶用量，为增加浆与基层的粘结强度，可于喷浆前先刷一道胶水。

（四）掉粉

原因是面层浆液中胶的用量少。为解决掉粉的问题，可进行一道扫胶，在原配好的浆液内多加一些乳液使之胶量增大，用新配浆液喷涂一道。

（五）泛碱、咬色、墙面潮湿或墙面干湿不一致

原因是赶工期浆活每遍跟的太紧，前道浆没干就喷下道浆；冬季施工室内生火炉，后墙面泛黄；有跑水、漏水后形成的水痕。解决办法，冬季施工取暖用暖气或电炉，将墙面烘干，浆活遍数不能跟的太紧。

（六）流坠

墙面潮湿易产生流坠，产生原因：喷浆过厚，浆内胶多不易干燥。解决办法：应待墙面干后再喷下遍浆，喷浆时最后由专人负责，喷头要均匀移动，配浆要专人掌握保证配比正确。

（七）透底

基层表面太光滑或表面有油污没清洗净，浆喷上去固化不住，配浆时稠度掌握不好，浆过稀，喷几遍也不盖底。要求喷浆前将混凝土表面油污清刷干净，浆料稠度要合适，喷浆时由专人负责，喷头距墙 20~30cm，移动速度均匀，不漏喷。

（八）石膏板墙接缝处开裂

安装石膏板不按要求留置缝隙；对接缝处理马虎从事，不按规矩贴拉结带，不认真用嵌缝腻子进行填刮，腻子干后收缩拉裂。

（九）室外喷刷浆与油漆或涂料接槎处分色线不清晰，施工时不认真。

（十）皱折、开裂：浆刷后未干遇雨造成浆皮皱折，应加强成品保护。

（十一）花感、掉粉：主要是自配浆料配比不准，稠度掌握不好，用胶量不准，胶少浆活会发生掉粉现象，而且涂刷后不盖底造成表面花感。

（十二）外墙浆活泛碱咬色：墙太潮湿，冬施抹灰中掺入抗冻剂后极易产生泛碱。

（十三）表面划痕或腻子斑痕明显：刮腻子后没认真磨砂纸找平，又不二次复找腻子所致。

第十六节 木地板油漆及打蜡施工工艺

一、操作工艺

（一）工艺流程

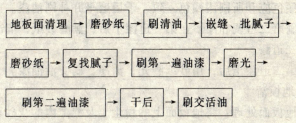

（二）操作工艺

1. 木地板刷调和漆

（1）地板面的处理：将表面的粉尘、污染物清扫干净，并将其缝隙内的灰砂剔扫干净，用 $1\frac{1}{2}$ 号砂纸磨光，先磨踢脚，后磨地板面，均应顺木纹打磨，磨至以手摸不扎手为好，然后用 1 号砂纸加细磨平、磨光，并及时将磨下的粉尘清净，节疤处点漆片修饰。

（2）刷清油（操清油）：清油的配合比以熟桐油：松香水 = 1:2.5较好，这种油较稀，可使油渗透到木材内部，防止木材受潮变形及增强防腐作用，并能使下道腻子、刷油漆等能很好地与底层粘结牢固,涂刷时先刷踢脚,后刷地面,刷地面时应从远离门口一侧退着刷。一般的房间可两人并排退刷,大的房间可组织多人一起退刷,使其涂刷均匀不甩接槎。

(3) 嵌缝、批腻子:先配一部分较硬的腻子,配合比为石膏粉:熟桐油:水=20:7:50,其中水的掺量可根据腻子的软硬而定。用较硬的腻子来填嵌地板的拼缝、局部节疤及较大缺陷处,腻子干后,用1号砂纸磨平、扫净。再用上述配比拌成较稀的腻子,将地板面及踢脚满刮一道。一室可安排两人操作,先刮踢脚,后刮地板,从里向外退着刮,注意二人接槎的腻子收头,不应过厚,待腻子干后检查,如有坍陷之处,重用腻子补平,补腻子干后用1号砂纸磨平,并将面层清理干净。

(4) 刷第一道调和漆:顺木纹涂刷,阴角处不应涂刷过厚,防止皱折。待油干后,用1号砂纸轻轻地打磨光滑,达到磨光又不将油皮磨穿为度。检查腻子有无缺陷,并复找腻子,此腻子应配色,其颜色应和所刷漆颜色一致,干后磨平并补刷油漆。

(5) 刷第二道调和漆:在第一道漆干后,满磨砂纸,清净粉尘,刷第二道漆。

(6) 第二道漆干后,用砂纸磨光,清净,刷交活油漆。

2. 木地板清漆

(1) 地板面处理:将地板面上的粉尘土及缝隙内的灰砂剔扫干净,用1½号砂纸打磨,应先磨踢脚后磨地面,顺木纹反复打磨,磨至光滑,然后换用1号砂纸加细磨平、磨光,将磨下的粉尘清扫干净。

(2) 刷清油:用熟桐油:松香水 1:2.5 的比例调配好,此清油较稀,并在清油内根据样板的颜色要求加入适当的颜料,刷油时先刷踢脚,后刷地面。一般房间可采用两人同时操作,从远离门口的一边退着刷,注意两人接槎处油层不可重叠过厚,要刷匀。

(3) 嵌缝、批腻子:先配制一些较硬的石膏腻子,其配合比为石膏粉:熟桐油为 20:7,水的用量根据所需腻子的软硬增减。

将拌好的腻子嵌填裂缝、拼缝，对修补较大缺陷处应补好塞实。腻子干后，用 1 号砂纸磨平，并将粉尘清扫干净，再满刮一道腻子，腻子应根据样板颜色配兑。刮踢脚及地面。施工时，亦可安排两人同时操作，先刮踢脚，注意踢脚上下口的腻子收尽。然后刮地板，从里向外顺木纹刮，采用钢板刮板将腻子刮平，并及时将残余的腻子收尽。二人接槎时腻子不能重叠过厚，批腻子应分两次进行，头遍应顺木纹满刮一道，干后，检查有无塌陷不平处，再用腻子补平，干后用 1 号砂纸磨平，清净后，第二遍再满刮腻子一道，要刮匀刮平，干后，用 1 号砂纸磨光，并将粉尘打扫干净。

（4）刷油色：先刷踢脚，后刷地板。刷油要匀，接槎错开，且涂层不应过厚和重叠，要将油色用力刷开，使之颜色均匀。

（5）刷清漆三道：油色干后（一般为 48h）用 1 号砂纸打磨，并将粉尘用布擦净，即可涂刷清漆。先刷踢脚后刷地板，漆膜要涂刷厚些，待其干燥后有较稳定的光亮，干后，用 1/2 号砂纸轻轻打磨刷痕，不能磨穿漆皮，将粉尘擦净后，刷第二遍清漆，依次再涂刷第三遍交活漆。刷后，做好成品的保护，防止漆膜损坏。

3. 木地板刷漆片，打蜡出光

（1）地板面处理：清理地板上杂物，并扫净表面粉尘，用 1 号或 1½ 号砂纸包裹木方按在地板上打磨，使其平整光滑，打磨时应先磨踢脚后磨地面。

（2）润油粉：配合比大白粉：松香水：熟桐油为 24:16:2，并按样板要求掺入适量颜料，油粉拌好后，用棉丝蘸上油粉在地板及踢脚上反复揉擦，将木板面上的棕眼全部填满、填实。干后，用 0 号砂纸打磨，将刮痕、印痕打磨光滑，并用干布将粉尘擦净。

（3）刷漆片两遍：将漆片配兑，根据需要掺加颜料，刷完，干后修补腻子，其腻子颜色应与所刷漆片颜色相同，再干后，用 1/2 号砂纸轻轻打磨，不应将漆膜磨穿。

(4) 再刷漆片两遍：涂刷时动作要快，注意收头，拼缝处不能有明显的接槎和重叠现象。

(5) 打蜡出光：用白色软布（豆包布）包光蜡，分别在踢脚和地板面上依次均匀地涂擦，要将蜡擦得均匀且不应涂擦过厚，稍干后，用干布反复涂擦，使之出光。

4．木地板刷聚氨酯清漆

(1) 地板面的处理：将板面及拼缝内的尘土清理干净，用 $1\frac{1}{2}$ 号砂纸包木方顺木纹打磨，无踢脚，后边角，最后磨大面，要磨光，对油污点可用碎玻璃刮净后再磨砂纸，并用扫帚打扫干净。

(2) 润油粉：配合比大白粉：松香水：熟桐油为 24:16:2，并按样板比例掺入颜料拌合均匀，将油粉依次均匀地涂擦在踢脚和地板面上，将棕眼及木纹内擦实擦严，并将多余的油粉清净。

另一种方法是润水粉：水粉的重量配合比为大白粉：纤维素（骨胶）：颜料：水 = 14:1:1:18，依此比例将水粉拌匀，并依次均匀地反复涂擦于木材表面，将木纹、棕眼擦平擦严。

(3) 刮批腻子：用石膏及聚氨酯清漆配兑成石膏腻子，并根据样板掺加颜料，将拌好的腻子嵌填于缝隙、麻坑、凹陷不平处，应顺木纹刮平并及时将废腻子收净，干后，用 1 号砂纸打磨；如仍有塌陷处要复找腻子，干后，重新磨平，将表面清擦干净。

(4) 刷第一道聚氨酯清漆：先刷踢脚后刷地板，并由里向外涂刷。人字、席纹木地板按一个方向涂刷；长条木地板应顺木纹方向涂刷；涂刷时应用力刷匀不应漏刷。干后，检查腻子有无塌陷，有无凹坑，对此，应复找腻子。干后，用 1 号砂纸打磨，并用潮布将表面粉尘擦干净；如有大块腻子疤，可备油色或漆片加颜料用毛笔点修。

(5) 刷第二道聚氨酯清漆：待第一道漆膜干后用 1/2 号砂纸将刷纹补磨光滑，用潮布擦净晾干后即可涂刷第二道清漆。

(6) 刷第三道聚氨酯清漆：待第二道漆膜干后，用 0 号砂纸磨光,用湿洁净布擦净晾干,即可涂刷第三道聚氨酯清漆。

二、成品保护

(一)每次刷油前应将窗台粉尘清理干净,并在刷油时将窗关闭,以防风尘污染漆面。

(二)刷油前应将地板板面清理干净。

(三)施工操作应连续进行,不可中途停止,防止涂层损坏,不易修复。

(四)交活油刷好后封门以保持地面洁净,如需进门施工时宜将地板面用塑料薄膜等保护好,施工人员应穿软底鞋,严禁穿带钉子鞋在地板上活动。

(五)严禁在交活后的地板面上随意刨凿、砸碰,以免损坏面层。

(六)严禁在地板上带水作业及用水浸泡地板。

(七)地板上落上砂浆等应及时清扫干净,防止磨损油漆面层。

三、应注意的质量问题

(一)局部出现地板接缝开裂:刮腻子不认真,嵌缝不密实,腻子干后收缩拉开裂缝。要求刮腻子时要横抹竖起,填嵌密实,如一次补不平,要反复修补直至补平为止。

(二)油漆面上有"痱子":磨光砂纸后没有用净布将粉尘擦净就刷油,或刷油时环境不清洁、粉尘污染油漆或油漆质量差、杂质多又未过箩或过箩太糙。

(三)倒光、超亮:原因是木地板不平,底漆未干透就刷面漆,稀释剂掺入量过多,室内潮湿,冬季施工室内烟雾过大等。

(四)流坠或涂层颜色不匀:踢脚与地面交角处易造成涂层重叠,局部会形成流坠或花感;木地板面层颜色不均,又没进行处理,或涂刷面大,油漆没一次兑好,多次兑料出现油漆色差造成涂层颜色花感;刷油漆时沾油过多,涂层过厚,也会产生流坠。

第十七节　硬木地板原色烫蜡

对于一些坚韧、木纹清晰、材色一致的好木材,如水曲柳、柳桉、柚木等上等优良树种,加工精良,板面平整光滑,无刨痕、磨痕、污渍的土地板,可直接烫蜡,达到显露木纹,提高耐磨性、耐久性、防腐性的目的。

烫蜡工艺根据加热蜡的工具不同,分成电炉烫蜡、喷灯烫蜡、电熨半烫蜡等方法。

一、工艺顺序

地板面清理→敷蜡→烫蜡→擦蜡→抛光。

二、操作工艺要点

(一) 地板面清理

与其他涂清漆的工艺基本相同,但要求更为严格。除常规处理外,需将拼缝中的污物剔除干净,砂纸打磨不掉的污迹,可用有机溶剂清洗或用玻璃片轻刮,最后用鼓风器吹净。用湿润的抹布全部揩擦一遍,干后再进行敷蜡。

(二) 敷蜡

有直接敷和间接敷两种方法。都是先将块蜡放入铁制容器内加温搅拌,待全部熔化后,用 24~40 目的铜筛滤去杂质,稍待冷却,即用铁勺将蜡均匀地浇在地板表面,此为直接敷蜡。或将蜡液注入成型模具内,待其冷凝后,用木工刨刨成 0.5mm 厚、指甲盖大小的薄片,置于容置内。敷蜡时将其均匀地撒在地板表面。这两种方法都要求浇蜡液或撒蜡片的幅宽适当,便于烫蜡操作的进行,一般以 60cm 左右为宜。

(三) 烫蜡

敷完一幅,即应烫一幅,按顺序进行。采用电炉烫蜡时,是将 1500~2000W 的电炉倒置,将耐火绳系牢电炉板,两人共同操作,每人手拉两根绳子,将装有电炉丝的一面朝向地板,距离以 10~15cm 为宜,匀速牵引移动,使蜡受热熔化后渗入地板木材内。待整个间房全部烫完后，再牵动电炉板来回重复烫几次，使蜡充分渗入材质并填满缝隙。

用喷灯烫蜡时，喷灯与地板也要保持一定的距离并来回匀速移动。等地板全部喷烫完成后，应检查有无漏烫，蜡膜是否均匀。如有明显缺陷，应该用热蜡补浇并烫平整，然后再用喷灯对地板重新喷烫一遍。

三、注意事项

1. 注意用电及用火的安全。

2. 掌握电炉和喷灯与地板的距离，移动速度适宜，既要化蜡又不得灼伤地板。

3. 操作者的鞋一定要清洁，并保证不褪色。各种工具也应洁净。

第十八节 裱糊壁纸施工工艺

一、工艺流程

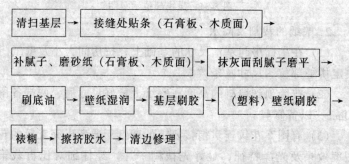

二、操作方法

（一）塑料壁纸的裱糊操作方法

裱糊前，先将突出基层表面的设备或附件卸下，钉帽应钉入基层表面并涂防锈漆，钉眼用腻子填平。施工中及裱糊后壁纸未干前，应封闭房间，以防穿堂风和气温突变，损坏壁纸。冬季施工时应在采暖条件下进行。

1. 弹线：底油干后即可弹线，目的是保证壁纸边线水平或垂直及裁纸的尺寸准确。一般在墙转角处，门窗洞口处均应弹线，便于折角贴边。如果从墙角开始裱糊，应在距墙角比壁纸宽度窄 10~20mm 处弹垂直线；在壁炉烟囱、胸墙或类似地方，应定在中央。在非满贴壁纸墙面的上下边，在拟定贴到部位应弹水平线，如图 5-34 所示。

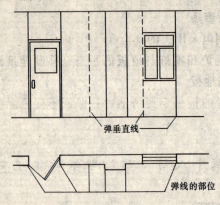

图 5-34　弹线部位示意图

2. 壁纸的裁割及闷水

（1）在掌握房间基本尺寸的基础上，按房间大小及壁纸门幅决定拼缝部位、尺寸及条数。

（2）按墙顶到墙脚的高度在壁纸上量好尺寸后，两端各留出 50mm，以备修剪。

（3）有图案花纹连贯衔接要求的壁纸，要考虑完工后的花纹图案效果及光泽特征，最好先裱糊一片，经仔细对比再裁第二片，以保证对接无误，在留足修剪余量的前提下，可一次裁完，顺序编号待用。

（4）裁割时要考虑壁纸的接缝方法，较薄的壁纸可采用搭接缝，搭接宽度为 10mm。较厚的壁纸采用对接缝。无论哪种，都应使接缝不易被看到为佳。

（5）由于壁纸具有湿胀干缩的特性，为裱糊后保持平整，在上墙前先将壁纸在水槽中浸泡几分钟或在壁纸背面刷清水一道,静置几分钟,使壁纸充分胀开,俗称闷水。闷水后再裱糊上墙的壁纸,即可随着水分的蒸发而收缩、绷紧。

3．涂刷胶粘剂：在壁纸背面先刷一道胶粘剂,要求厚薄均匀（胶底壁纸只需刷清水一道）。涂刷的宽度比纸宽 20～30mm。

刷胶一般在台案上进行,将裁好的壁纸正面向下铺设在案子上,一端与台案边对齐,平铺后多余部分垂下,然后分段刷胶,刷好后将其叠成"S"状,既避免胶液干得过快又不污染壁纸,如图 5-35 所示。有背胶的塑料壁纸出售时会附一个水槽,槽中盛水,将裁好的壁纸浸泡其中,由底部开始图案面向外,卷成一卷,过 1min 即可裱糊。

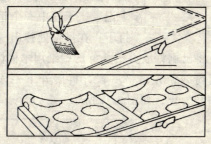

图 5-35　刷胶

4．裱糊壁纸

（1）裱糊时分幅顺序从垂直弹线起至阴角处收口,由上而下,先高后低先立面后平面,先细部后大面。将刷过胶粘剂的壁纸,胶面对胶面,手握壁纸顶端两角凑近墙面,展开上半截的折叠部分,沿垂直弹线张贴于墙上。然后,由中间向外用刷子将上半截敷平,再如法处理下部,有背胶的壁纸,可将水槽置于踢脚板处,把壁纸从槽中接现,直接上墙,方法相同。

（2）墙上一些特殊部位的处理：在转角处,壁纸应超过转角裱糊,超出长度一般为 50mm。不宜在转角处对缝,也不宜在转角处为使用整幅宽的壁纸而加大转角部位的张贴长度。如整幅壁纸仅超过转角部位在 100mm 之内可不必剪裁,否则,应裁至适当宽度后再裱糊。阳角要包实,阴角要贴平。对于不能拆下的凸出墙面的物体,可以壁纸上剪口。方法是将壁纸轻轻糊于墙面突出特件上,找到中心点,从中心往外剪,使壁纸舒平裱于墙上,然后用笔轻轻标出物件的轮廓位置,慢慢拉起多余的壁纸剪去不需要的部分,四周不得留有空隙,如图 5-36 所示。

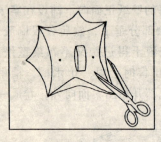

图 5-36 壁纸剪口

(3) 顶棚裱糊:第一张要贴近主窗,与墙壁平行。长度过短时(小于 2m),则可跟窗户成直角粘贴。在裱糊第一段前,需先弹出一条直线。其方法为:在距吊顶面两端的主窗墙角 10mm 处用铅笔做两个记号,于其中一个记号处敲一枚钉子;在吊顶处弹出一道与主窗墙面平行的粉线,将已刷好胶并折叠好的壁纸用木柄撑起展开顶折部分,边缘靠近粉线,先敷平一段,再展开下一段,用排笔敷平,直至整张贴好为止,如图 5-37 所示。

 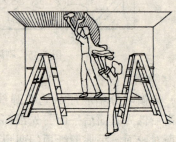

图 5-37 裱糊顶棚

(4) 斜式裱糊与水平式裱糊

斜式裱糊具有独特的装饰效果,但比较费料,约需增加 25% 的壁纸量。其方法为先弹出一条斜线,即在一面墙面的两上墙角间的中心墙顶处作一点,弹出垂直的粉笔灰线,由此线的底部沿墙底,测出与墙高相等的距离,定出一点,此点与墙顶中心连接，弹出斜线，即为裱糊基准线，如图 5-38 所示。

水平式裱糊则在离顶棚或壁角小于壁纸宽度 5mm 处，横过墙壁弹一条水平线，作为第一张壁纸的基准线，如图 5-39 所示。裱糊方法同前。

5．清理与修整：全部裱糊完后，要进行修整，割去底部和顶部的多余部分及搭缝处的多余部分，图 5-40 及图 5-41 为清理修剪示意图。

（二）锦缎的裱糊

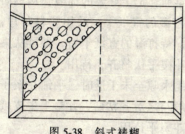

图 5-38　斜式裱糊

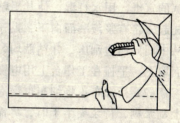

图 5-39　水平式裱糊

锦缎裱糊的技术性和工艺性要求较高，施工者需耐心细致地进行操作。其工序为：开幅、缩水上浆、衬底熨烫、裁边、裱糊及防虫处理。

1．开幅：计算出每幅锦缎的长度，开幅时留出缩水的余量，一般幅宽方向为 0.5%~1%，幅长方向为 1% 左右；如需对花纹图案的锦缎，就要放长一个图案的距离，然后计算出所需幅数。开幅时要考虑到墙两边图案的对称性，门窗转角等处要计算准确。

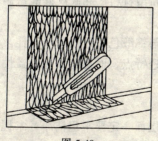

图 5-40

图 5-41　搭口拼缝

2. 缩水上浆：将开幅裁好的锦缎浸没入清水中，浸泡 5～10min 后，取出晾至七八成干时，放到铺有绒面的工作台上，在绸缎背面上浆。浆糊的配比为面粉：防虫涂料：水 = 5:40:20（重量比），调成稀液浆。上浆时将锦缎背面朝上平铺在台案上，并将两边压紧，用排笔或硬刮板蘸上浆液从中间开始向两边刷。浆液应少而匀，以打湿背面为限。

3. 衬底熨烫

（1）托纸：在另张平滑的台面上，平铺一张幅宽大于锦缎幅宽的宣纸，用水打湿，使其平贴桌面，把上好浆的锦缎，从桌面托起，将有浆液一面向下，贴于打湿的宣纸上，并用塑料刮片从中间向四边刮压，并粘贴均匀，待打湿的宣纸干后，即可从桌面取下。平摊在工作台上用电熨斗熨平伏整齐，待用。

（2）褙细布：将细布也浸泡缩水晾至未干透时，平铺在案子上刮浆糊，待浆糊半干时，将锦缎与之对齐粘贴，并垫上牛皮纸用滚筒压实，也可垫上潮布用熨斗熨平待用。

这两种衬底方法可选用一种，也有不衬底直接将上浆的锦缎熨平上墙的。

4. 裁边：锦缎的幅边有宽约 4～5cm 的边条，无花纹图案。为了粘贴时对准花纹图案，在熨烫平伏后，将锦缎置于工作台上用钢直尺压住边，用锋利的裁纸刀将边条裁去。

5. 裱糊：操作同一般壁纸，不予赘述。

6. 涂防虫胶：裱糊后涂刷一遍防虫涂料。目前可选用 WS-Ⅱ，为无色透明液体，由上海华东新型材料厂和武汉硅酸盐制品厂生产。

裱糊锦缎的衬底细布，颜色应与锦缎色相近或稍浅为佳。锦缎花色的选择上要考虑到它的薄、透特点，而挑选那些遮盖性强的颜色和花色，以免漏底。

（三）金属膜壁纸裱糊

金属膜壁纸很薄，贴面时，基层面一定要平坦洁净，拿握要仔细，防止折伤。

1. 裱糊前浸水 1~2min 即可，抖去水，阴干 5~8min，在背面刷胶。

2. 刷胶：应采用专用金属膜壁纸粉胶，边刷边将刷过胶的部分向上卷在圆筒上，如图 5-42 所示。

3. 裱糊：先用干净布擦抹一遍基层面，对不平处再次刮平，金属膜壁纸收缩量很少，对缝或搭缝均可。对有花纹拼缝要求的，裱糊时先从顶面开始，两人配合，一人对花拼缝，一人手托纸卷放展。其他操作与普通壁纸相同。

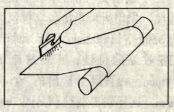

图 5-42　刷胶

（四）玻璃纤维贴墙布及无纺贴墙布的裱糊

1. 因这两种贴墙布盖底力稍差，故对基层颜色要求较严，如基层色深，则应满刮掺白色涂料的腻子。基层局部颜色有差别时，须处理为一致色泽。

2. 刷胶：只需直接往基层上刷胶裱糊，胶贴剂应随用随配，以当天施工用量为限。

第十九节　玻璃的裁切与安装

门窗玻璃裁划前要挑选同样规格，并有代表性的门窗三樘以上计量尺寸，必要时可先划一块试装。玻璃安装应在门窗五金安装完毕，外墙勾缝与粉刷做完、脚手架拆除后，刷最后一遍油漆之前进行。

一、裁划玻璃

（一）裁划前的准备工作

裁划前，将室内和工作台打扫干净。运进的原箱玻璃要靠墙紧挨立放，暂不开箱的要用板条互相搭好钉牢，以免动摇倾倒。每开一箱玻璃最好全部放在工作台上。裁划后的玻璃应靠墙斜立于板条上。空木箱要搬到适当地方存放或交库。箱内填垫用的稻草不要抛掉，留作以后运玻璃时使用。

（二）裁划玻璃的操作方法

1. 裁划 2~3mm 厚的平板玻璃时，可用 12mm×12mm 细木条直尺。先用折尺量出玻璃框尺寸，再在直尺上定出裁划尺寸，要留 3mm 空档和 2mm 刀口。对于北方寒冷地区的钢门窗，考虑到门窗收缩的特性，不要忽略留出适当空隙。例如，玻璃框宽 500mm，在直尺上量出的 495mm 处钉一小钉，495mm 加上刀口 2mm，这样划出的玻璃是 497mm，安装在 500mm 宽的玻璃框上正好符合要求。裁划时可把直尺上的小钉紧靠玻璃的一边，玻璃刀紧靠直尺的另一端。一手掌握住小钉挨住的玻璃边口，不可松动；另一手掌握刀刃，端直而均匀有力地向后退划，不能有轻重不均或弯曲。

2. 4~6mm 厚玻璃的裁划方法大致与上述相同。但因玻璃较厚，裁划时刀要握准、拿稳，力求轻重均匀。另外，还有一种划法是采用 4mm×50mm 直尺，玻璃刀紧靠直尺裁划。这种裁划方法比较容易划好，但工作效率不高，只限于数量较少时使用。裁划时，要在划口上预先刷上些煤油，划口渗油后容易扳脱。

3. 5~6mm 厚大块玻璃的裁划方法，与用 4mm×50mm 直尺裁划相同。但大块玻璃面积大，人站在地上无法裁划，因而有时需脱鞋站在玻璃上裁划。裁划前必须在工作台上垫绒布，以使玻璃受压均匀。裁划后，双手握紧玻璃同时向下扳，不能粗心大意而造成整块玻璃破裂。另一种方法：一人趴在玻璃上，身体下面垫上麻袋布，一手掌握玻璃刀，一手扶好直尺，另一个在后面拉前人的腿，刀子顺尺拉下，中途不宜停顿，停了，锋口就不容易找到。

4. 裁划玻璃条（宽度 8~12mm，水磨地面嵌线用），可用 5mm×30mm 直尺，先把直尺的上端，用钉子固定在台面上（不能钉死、钉实，要能转动和上下升降）。再在距直尺右边相当于玻璃条宽度加上 2~3mm 的间距处的台面上，钉上两只小钉作为挡住玻璃用，另在贴近直尺下端的左边台面上钉上一只小钉，作为靠直尺用，如图 5-43 所示。用玻璃刀紧靠直尺右边，裁划出所要求的玻璃条。取出玻璃条后，再把大块玻璃向前推到碰住钉子为止，靠好直尺又可连续进行裁划。

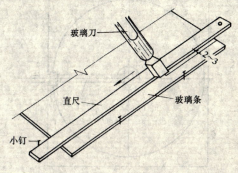

图 5-43　裁划玻璃条

裁划各种矩形玻璃时，要注意对角线长短一致，划口齐直不能弯曲。

5．裁划异形玻璃：可根据设计要求将需要的异形图案先画在白纸上，然后把图案夹进玻璃之中，用钢笔在玻璃上描画出异形图案。在玻璃图案的裁口线上，用毛笔均匀涂上煤油，手工裁划时要根据图形的弯曲度，徒手将玻璃刀随裁口线移动，全身也要随之平稳移动，遇到阴角处，应裁划成小圆弧，不可呈僵硬的直线条，导致应力集中致使玻璃破碎。这种方法要求技术水平较高，否则不易裁好。最好是事先用硬纸或薄胶合板制成样板或套板，然后用玻璃刀靠在样板或套板的边缘进行裁割。在遇有阴角的异形图案时，可用手电钻配合裁划。方法是将 3mm 直径的超硬合金钻头，装入手电钻中，在图形的阴角处，用低速钻一个洞。钻时应用水或酒精冷却钻头。钻眼后，再用玻璃刀沿线裁割。

6．裁划圆形玻璃

圆规刀裁划法：根据设计圆形的大小，在玻璃上画好垂直线定出圆心，把圆规刀底座的小吸盘放在圆心中间，然后随圆弧裁划到终点，裁通后，从玻璃背面敲裂，把圆外部分先取下 1/4，再逐块取下，如图 5-44 所示。

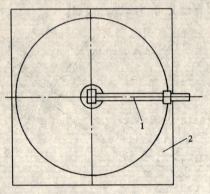

图 5-44　圆规刀裁划法
1—圆规刀；2—玻璃

玻璃刀的裁划法：在玻璃圆心上粘贴胶布 5~6 层，用 10mm 厚、600mm 长、25mm 宽的杉木棒，将一枚大头针穿过杉木条的一端钉进胶布层内固定（玻璃刀与大头针的距离等于所裁圆的半径）。玻璃刀紧靠着杉木棒尽头，以大头针为固定圆心，握稳玻璃刀随圆弧划到终点，然后敲裂取下碎块玻璃，如图 5-45 所示。

7. 在玻璃上挖洞口：如售票、银行取款、医院给药等窗口，都需在整块玻璃上挖各种形式的洞口，其特点是图形部分是挖空的，而保留图形之外的部分。裁割方法与裁割异形或圆形的图案相仿，其区别在于需在划好的图案轮廓线的内侧，即要挖空的区域，再划一圈保护线。两道线的距离可根据洞口的大小确定，一般为 1~1.5cm。然后，在保护线的区域内徒手划数个"人"字拱，或在已钻好眼的圆心处（适合于挖圆洞时）划向外的放射线。然后，用玻璃刀铁头沿裁线由下向上敲，玻璃上就出现两圈裂纹及一些碎裂纹。可先扳掉保护圈内的玻璃碎块，再在保护线

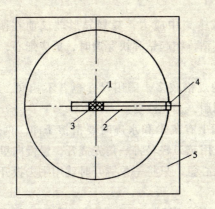

图 5-45 玻璃刀裁划法
1—玻璃圆心粘贴 5~6 层胶布；
2—杉木棒；3—大头针穿过木条并钉进胶
布层内固定；4—玻璃刀；5—玻璃

与轮廓线之间放射性剪割，扳掉碎块，再用砂轮带水磨光洞口，如图 5-46 所示。

对于压花玻璃，裁划时应将光面朝上。对于其他彩色玻璃、磨砂玻璃则与平板玻璃同样处理，但应注意其花纹图案的对称性。

（三）裁划玻璃的注意事项

1. 异形玻璃裁划前应仔细核对其尺寸，应根据各种异形玻璃的形状，适当缩小裁划尺寸，以便于安装。

2. 因异形玻璃规格多数量少，不宜集中裁划，最好现场裁划，减少搬运次数，避免损坏。

3. 为了减少异形玻璃裁划时的损耗，一般都在实际裁划线周围 10~15mm 处划一条保护线。

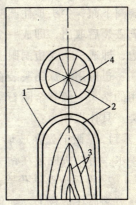

图 5-46 挖洞口示意图
1—实际裁划尺寸线；
2—保护线；3—人字
形分块裁取线；4—放
射形分块裁割线

4.为了减少集中应力,裁划异形玻璃前在阴角处先钻洞,宜用低转速电钻,在起钻和快穿透时,更应细心,钻进速度应缓慢而均匀。

5.玻璃的规格较多,需用尺寸也各不相同,裁划前应仔细计算,尽量利用,避免浪费。

6.玻璃面上有灰尘和水迹时要揩擦干净。两块玻璃之间有水而粘合时,用铲刀轻轻将一角先撬开,慢慢向里移动,便可全部撬开。不能心急,只将一角撬开时就用手去扳开,这样易使整块玻璃破裂。

7.裁口边条太窄时,可在一头先敲出裂痕,再用钢丝钳垫软布扳脱。不能硬扳,否则会使整块玻璃开裂。

8.裁划好的玻璃,应按规格靠墙立放,下面要垫两根木条。残条碎玻璃要集中放置并及时处理,以免伤人。

二、玻璃打眼

玻璃打眼时,先用玻璃刀划出圆圈并敲出裂痕,再在圆圈内划上几条直线或横线,同样敲出裂痕。再将一块尖头铁器放在玻璃圈下面,尖头顶住圆圈中心处,用小锤轻敲圆圈内玻璃,使玻璃破裂后取出,即成一个毛边洞眼。最后用金刚石或油石磨光圈边,即成一个光边洞眼。

也可用特殊钻头装在台钻等工具上对玻璃进行钻眼加工。常用的钻头一般有金刚石空心钻、超硬合金玻璃钻、自制钨钢钻三类。具体操作为:

1.钻眼前先在玻璃上按设计要求定出圆心,并用钢笔点上墨水,将钻头固定在钻头套中。

2.手摇玻璃钻孔器,用如图 5-47 所示的金刚石钻头钻眼时,将玻璃放在垫板上。如钻较小的洞眼时,可将长臂圆划刀取下,套上空心钻头固定,然后旋转摇柄,使钻头旋转摩擦,随时加水或煤油冷却。起钻或出钻时,用力应缓慢均匀。金刚石空心钻一般可用于 5～

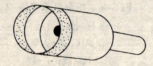

图 5-47 金刚石空心钻头

20mm 直径洞眼的加工。

3. 如用超硬合金玻璃钻钻眼，则可将钻头装在手工弓摇钻上或低速手电钻上，钻头对准圆心，用一只手拿住弓摇钻的圆柄，轻压旋转即可。用于加工直径 3～100mm 洞眼。

4. 使用自制钨钢钻钻眼，操作方法同前。但钻头需预先制作，取长 60mm、直径 4mm 一段硬钢筋及 20mm 左右的钨钢，用铜焊条焊接，然后将钨钢磨成尖角三角形即可使用。

三、玻璃开槽

玻璃开槽主要用于食品柜、玻璃柜等有移动门的部位。开槽方法主要有两种：一是用电动玻璃开槽机；一是用砂轮手磨开槽。具体操作方法：

1. 用钢笔在玻璃上划出槽的长度和宽度。

2. 用电动开槽机开槽，自制电动玻璃开槽机。用电动机带动一根转轴，轴上装有一个直径为 120mm、宽 10mm 的生铁轮子，生铁轮子上部分露在外面开槽用，下半部分浸没在金刚砂浆中，铁轮子设调节装置，木挡板可前后移动，挡板低于铁轮子 3～4mm。开槽时，将玻璃搁在电动开槽机工作台的固定木架上，调节好位置，对准开槽处，开动电机即可。一般移动门的玻璃开槽 2min 加工一个。由于金刚砂和玻璃屑可能飞溅出来，操作时要戴防护眼镜。

3. 如用手工开槽，则在划好槽的尺寸后，用一具手摇金刚石砂轮（砂轮边缘的厚度根据槽的宽度而定）在线样上磨槽。磨槽时要倒、顺摇动金刚砂轮，使它来回转动，同时还应控制好槽的深度并使槽边光滑。

四、玻璃刻蚀

用氢氟酸溶解需刻蚀的玻璃表面，而得到与光面不同的毛面花纹图案或字体，其工艺：

（一）准备工作

1. 将玻璃表面清理干净，将石蜡加热熬至棕红色，用排笔蘸取热蜡液，在玻璃表面涂刷 3～4 遍，备用。

2. 配刻蚀液：用浓度为 99% 的氢氟酸：蒸馏水 = 3∶1 的配比配好溶液，贴上标签，备用。

3. 做好所需的花纹、图案或字体的纸样。

（二）操作方法

1. 玻璃表面的石蜡晾干后，贴上纸样，用雕刻刀在其上刻出所需的图案，刻完毕后，将蜡粉刷掉，并用洗洁精将暴露的玻璃表面清洗干净。

2. 用干净毛笔蘸取配制好的氢氟酸溶液，均匀地刷在图案上面，约 15~20min 后，可见图案表面有一层白色粉状物，把白粉掸掉，再刷一遍，再掸掉白粉，如此反复，直至达到所要求的效果。刷氢氟酸的遍数越多，图案的花纹就越深。根据经验，夏季约需 4h，春秋约需 6h，冬季则需 8h。

3. 待字体花纹全部刻蚀完成后，把石蜡全部刮除干净，并用洗洁精洗净玻璃表面。

（三）注意事项

1. 氢氟酸有强的腐蚀性，操作过程中要戴上胶皮手套，并勿使其溅入眼睛或皮肤上。

2. 稀释的溶液和原熔液要各自贴好标签，以防错用、误用。

五、玻璃磨砂

用金刚砂对平板玻璃进行加工，使其表面呈乳白色透光而不能透视物体的方法。主要用于门、窗、隔断、灯具、玻璃黑板等处，其工艺有手工磨砂、机械磨砂和化学磨砂。化学磨砂已在前面做了介绍，下面主要叙述手工磨砂和机械磨砂。

（一）手工磨砂

当加工数量不多时，可用此法。加工时根据被加工玻璃的面积大小及厚度采取以下两种操作方法。

1. 5mm 以上的厚玻璃：将平板玻璃平放在垫有绒毯等柔软织物的平整台面上，将生铁皮带盘轻放在玻璃上面，皮带盘中部的孔洞内装满 280~300 目的金刚砂或其他研磨材料，然后用双手握住生铁皮带盘的两边，进行推拉式旋磨。也可用粗瓷碗反扣在玻璃上，碗内扣入适量的金刚砂，用双手推压反扣的碗进行来回往复的旋磨。

2.3mm厚的小尺寸玻璃：将金刚砂均匀地铺在玻璃上，其上覆盖一块玻璃，金刚砂夹在两层玻璃之间，双手平稳地压住金刚砂上面的玻璃，做弧形旋转研磨。

操作时，用力要适当，速度不要太快，以免将玻璃压裂。磨砂时应从四周边角向中间进行。通磨一遍后，应竖起来朝向阳光检查是否有透亮点或面，若有，应用粉笔做上记号，再行补磨。

加工后的磨砂玻璃堆放时应将两块玻璃的磨砂面相叠，按尺寸分别堆放。应竖放，不得平放。

（二）机械磨砂

在成批量加工磨砂玻璃时，可用特制的机具进行磨砂。

1.喷砂：利用高压空气通过喷嘴所形成的高速气流，挟带着石英砂或金刚砂喷至平板玻璃表面，形成毛面。

2.自动漏砂打磨：利用旋转的轮将自动从漏斗中落下的金刚砂与平板玻璃表面摩擦而形成毛面。

六、玻璃安装

玻璃安装应在门窗框扇五金安装完毕，室内外抹灰作业完成，内墙施涂最后一遍涂料前进行。根据边框材质的种类及安装部位的不同，有各自的操作要点，以下分别说明。

（一）木门窗玻璃安装

1.清理槽口　将边框内杂质清除干净。

2.准备油灰　如购用商品油灰，只需将其揉合即可使用。如自配油灰，可用大白粉、生桐油加少量熟桐油揉拌而成。配成的油灰应具有良好的可塑性，不沾刀，抹时不断裂，不出麻面。

3.涂抹底灰　沿槽口长度涂抹厚度为1~2mm底灰，涂抹应均匀、饱满、不间断。

4.装玻璃　双手把玻璃放入槽内，稍使劲将多余油灰挤出，待油灰初结硬时，顺槽口方向将多余底灰刮平，遗留的底灰也清除干净。

5. 嵌钉固定　在玻璃四边钉上钉子，钉长一般为 15～20mm，间距为 300mm，且每边不少于 2 个。钉完后，用手轻敲玻璃，听声音鉴别是否平实，如不平实应立即重装。

6. 涂抹表面油灰　表面油灰应选无杂质、软硬适中的油灰。涂抹后，用铲刀从任意一角开始，紧靠槽口边，刮成斜坡形，要使四角成"8"字形，表面光滑，油灰与玻璃裁口边绷齐平。

（二）钢门窗玻璃安装

钢框、扇安装玻璃与木框、扇安装玻璃基本相同，但也有不同之处，要特别注意。

1. 检查　安装的门框、扇是否平整，钢丝卡孔眼是否齐全准备，不符合要求的应及时修正。
2. 清理槽口　同木框、扇安装。
3. 涂底油灰　安装钢框、扇使用的油灰要加适量的红丹起防锈作用，并加适量的铅油以增加油灰的粘性和硬度，涂抹厚度为 2～3mm。
4. 装玻璃　双手将玻璃放入槽口内揉平，将多余油灰挤出，在压挤油灰时，特别要注意防止异形玻璃的阴角碎裂，玻璃的阴角不能碰到钢窗的阳角，应离开 2～3mm。
5. 安钢丝卡子　安装间距不得大于 300mm，且每边不少于两个。
6. 涂抹表面油灰　用较硬的油灰作面灰填实，并压实刮平，其余同木框、扇安装。

（三）铝合金门窗玻璃安装

1. 工具材料准备　工具有手提式玻璃吸盘、密封枪、嵌条器、刨刀、裁刀等。材料有中性密封胶和配套使用的橡皮条、塑料管等。
2. 清理槽口　同钢、木门窗。
3. 安装玻璃　有三种方法：

（1）内用橡皮条，外用密封胶：把橡皮条或塑料管切成 25～30mm 做隔离片，蘸少量的密封胶粘到槽口四周内边固定，在玻璃安装的下方放上两块垫片,然后用手提式吸盘把玻璃提起,稳妥地置于垫块上,随即将内压条装上,并旋紧螺钉固定,四角涂少量密封胶,使玻璃平整不翘曲。里面用配套使用的橡皮条嵌塞牢固,外面用密封胶封缝并填充密实。

(2) 两面都用密封胶:用吸盘将玻璃放入框内的定位垫块上,旋紧内压条,内外两人同时用塑料管隔离片将玻璃塞紧,最后用密封胶两面封缝。

(3) 两面都用橡皮条:用吸盘将玻璃放入框内定位垫块的中间,旋紧内压条,内外两人同时朝一个方向嵌塞配套橡皮条(不用塑料隔片),将周边塞嵌密实。

4. 注意事项

(1) 型号橡皮条的长度应比玻璃周长多 20mm 左右。

(2) 框、扇阴角处的橡皮条要做到内断外不断。

(3) 定位垫块设在玻璃宽度的 1/4 处,并使其宽度大于玻璃厚度,长度不宜大于 35mm,可采用硬塑料制作,不得采用木质垫块。

(4) 塑料管隔离片的间距为 300mm,一边不得少于 2 片。

(5) 应由两人配合操作。

(6) 密封胶封缝必须内部密实,表面光滑,不得有间断或凸凹等缺陷。

(7) 密封胶不得污染铝合金框、扇。

(四) 天窗玻璃安装

其方法同钢门窗玻璃安装。但天窗玻璃是用铁卡子卡住的,在两块玻璃的搭接处要注意顺水搭接,并用卡子扣牢。斜天窗搭接处的重叠,如坡度大于 25°时要搭接 35mm 左右;如坡度小于 25°时要搭接 50mm,搭接重叠缝隙要用油灰嵌实。

(五) 玻璃压条安装

一般室内的木门、木隔断不抹油灰而用木压条,要在刷好底漆、未刷面漆之前进行安装。安装时先用铲刀或刨刃将木压条撬开,并退出钉子,先抹上底灰(也就是比油灰略为稀些),再装上玻璃，最后把四边压条嵌好钉牢，并把底灰修补平整。

（六）镜子、镜面玻璃安装

1．粘贴镜面玻璃　先将中性密封胶涂挤在镜子的衬板上，再将镜子粘贴到衬板上，待镜子的密封胶干透后，再将镜面玻璃与其边框之间的缝隙用密封胶封住。

2．安装顶棚的镜面玻璃　木工做好顶棚后，将中性密封胶挤到打好安装洞眼的镜面玻璃背后，要成螺旋状，分布均匀，一人托起镜面玻璃与顶板的衬板粘贴，要压平贴实，另一人用手电钻穿过镜面玻璃上的孔洞在木筋上钻眼，钻眼处用带橡皮垫的不锈钢螺钉固定，但不应旋得太紧，以防镜面碎裂。螺钉固定后用密封胶封缝。

（七）大块玻璃安装

如不允许用钉子或螺钉加固时，可用橡皮垫圈固定。但使用的油灰中要加 1/3 的铅油，增加粘固性能。

七、玻璃的运输与保管

（一）玻璃的运输

运输时，不论使用何种车辆（汽车、小平车），在装载时要把箱盖向上，直立紧靠放置，不允许动摇碰撞。如堆放有空隙时要以稻草等软物填实或用木条钉牢。

运输时要做好防雨措施，以防雨水淋到玻璃上。因为成箱玻璃淋雨后，玻璃之间互相粘住，撬开时容易破裂。冬天水结成冰后，玻璃就更易破碎。

装卸和堆放时，要轻抬轻放，要防止震动和倒塌。短距离运输时，应把木箱立放，用抬杠抬运，不能几人抬角搬运。

（二）玻璃的保管

玻璃应按规格、等级分别堆放，以免混淆。需用时可随时取出，不需搬动其他规格的玻璃。

玻璃堆放时应使箱盖向上，立放紧靠，不得歪斜或平放，不得受重压或碰撞。小号规格的可堆高 2~3 层，大号规格的尽量单层立放，不要堆垛。各堆之间须留通道以便搬动。堆垛的木箱四角必须互相用木条钉牢。

玻璃木箱底下须高于地面100mm,防止受潮。

玻璃一般不能在露天堆放,如必须在露天堆放时,要在下面垫高,离地20~30cm,用帆布盖好,时间不宜过长。

保管不慎,玻璃受潮后会发霉。这是由于空气中的水分和二氧化碳与玻璃中的硅酸钠相互起化学变化,产生氧化钠、二氧化硅和碳酸钠,结果在玻璃表面出现一层白斑点,这些白斑点通常称为发霉。对于发霉的玻璃,可以用棉花蘸些煤油或酒精揩擦,如用丙酮揩擦效果更好。

附

《建筑装饰装修工程质量验收规范》
GB 50210—2001

10 涂饰工程

10.1 一般规定

10.1.1 本章适用于水性涂料涂饰、溶剂型涂料涂饰、美术涂饰等分项工程的质量验收。

10.1.2 涂饰工程验收时应检查下列文件和记录:

1 涂饰工程的施工图、设计说明及其他设计文件。

2 材料的产品合格证书、性能检测报告和进场验收记录。

3 施工记录。

10.1.3 各分项工程的检验批应按下列规定划分:

1 室外涂饰工程每一栋楼的同类涂料涂饰的墙面每500~1000m^2应划分为一个检验批,不足500m^2也应划分为一个检验批。

2 室内涂饰工程同类涂料涂饰的墙面每50间(大面积房间和走廊按涂饰面积30m^2为一间)应划分为一个检验批,不足50

间也应划分为一个检验批。

10.1.4 检查数量应符合下列规定：

1 室外涂饰工程每 100m² 应至少检查一处，每处不得小于 10m²。

2 室内涂饰工程每个检验批应至少抽查 10%，并不得少于 3 间；不足 3 间时应全数检查。

10.1.5 涂饰工程的基层处理应符合下列要求：

1 新建筑物的混凝土或抹灰基层在涂饰涂料前应涂刷抗碱封闭底漆。

2 旧墙面在涂饰涂料前应清除疏松的旧装修层，并涂刷界面剂。

3 混凝土或抹灰基层涂刷溶剂型涂料时，含水率不得大于 8%；涂刷乳液型涂料时，含水率不得大于 10%。木材基层的含水率不得大于 12%。

4 基层腻子应平整、坚实、牢固，无粉化、起皮和裂缝；内墙腻子的粘结强度应符合《建筑室内用腻子》（JG/T 3049）的规定。

5 厨房、卫生间墙面必须使用耐水腻子。

10.1.6 水性涂料涂饰工程施工的环境温度应在 5~35℃ 之间。

10.1.7 涂饰工程应在涂层养护期满后进行质量验收。

10.2 水性涂料涂饰工程

10.2.1 本节适用于乳液型涂料、无机涂料、水溶性涂料等水性涂料涂饰工程的质量验收。

主控项目

10.2.2 水性涂料涂饰工程所用涂料的品种、型号和性能应符合设计要求。

检验方法：检查产品合格证书、性能检测报告和进场验收记录。

10.2.3 水性涂料涂饰工程的颜色、图案应符合设计要求。

检验方法：观察。

10.2.4 水性涂料涂饰工程应涂饰均匀、粘结牢固，不得漏涂、透底、起皮和掉粉。

检验方法：观察；手摸检查。

10.2.5 水性涂料涂饰工程的基层处理应符合本规范第10.1.5条的要求。

检验方法：观察；手摸检查；检查施工记录。

一 般 项 目

10.2.6 薄涂料的涂饰质量和检验方法应符合表10.2.6的规定。

薄涂料的涂饰质量和检验方法　　　　表10.2.6

项次	项 目	普通涂饰	高级涂饰	检验方法
1	颜色	均匀一致	均匀一致	观察
2	泛碱、咬色	允许少量轻微	不允许	
3	流坠、疙瘩	允许少量轻微	不允许	
4	砂眼、刷纹	允许少量轻微砂眼，刷纹通顺	无砂眼，无刷纹	
5	装饰线、分色线直线度允许偏差（mm）	2	1	拉5m线，不足5m拉通线，用钢直尺检查

10.2.7 厚涂料的涂饰质量和检验方法应符合表10.2.7的规定。

厚涂料的涂饰质量和检验方法　　　　表10.2.7

项次	项 目	普通涂饰	高级涂饰	检验方法
1	颜色	均匀一致	均匀一致	观察
2	泛碱、咬色	允许少量轻微	不允许	
3	点状分布	—	疏密均匀	

10.2.8 复层涂料的涂饰质量和检验方法应符合表10.2.8的规定。

复层涂料的涂饰质量和检验方法　　　表10.2.8

项次	项目	质量要求	检验方法
1	颜色	均匀一致	观察
2	泛碱、咬色	不允许	
3	喷点疏密程度	均匀,不允许连片	

10.2.9 涂层与其他装修材料和设备衔接处应吻合,界面应清晰。

检验方法:观察。

10.3 溶剂型涂料涂饰工程

10.3.1 本节适用于丙烯酸酯涂料、聚氨酯丙烯酸涂料、有机硅丙烯酸涂料等溶剂型涂料涂饰工程的质量验收。

主 控 项 目

10.3.2 溶剂型涂料涂饰工程所选用涂料的品种、型号和性能应符合设计要求。

检验方法:检查产品合格证书、性能检测报告和进场验收记录。

10.3.3 溶剂型涂料涂饰工程的颜色、光泽、图案应符合设计要求。

检验方法:观察。

10.3.4 溶剂型涂料涂饰工程应涂饰均匀、粘结牢固,不得漏涂、透底、起皮和反锈。

检验方法:观察;手摸检查。

10.3.5 溶剂型涂料涂饰工程的基层处理应符合本规范第10.1.5条的要求。

检验方法:观察;手摸检查;检查施工记录。

一 般 项 目

10.3.6 色漆的涂饰质量和检验方法应符合表 10.3.6 的规定。

色漆的涂饰质量和检验方法　　　　表 10.3.6

项次	项目	普通涂饰	高级涂饰	检验方法
1	颜色	均匀一致	均匀一致	观察
2	光泽、光滑	光泽基本均匀光滑无挡手感	光泽均匀一致光滑	观察、手摸检查
3	刷纹	刷纹通顺	无刷纹	观察
4	裹棱、流坠、皱皮	明显处不允许	不允许	观察
5	装饰线、分色线直线度允许偏差（mm）	2	1	拉 5m 线，不足 5m 拉通线，用钢直尺检查

注：无光色漆不检查光泽。

10.3.7 清漆的涂饰质量和检验方法应符合表 10.3.7 的规定。

清漆的涂饰质量和检验方法　　　　表 10.3.7

项次	项目	普通涂饰	高级涂饰	检验方法
1	颜色	基本一致	均匀一致	观察
2	木纹	棕眼刮平、木纹清楚	棕眼刮平、木纹清楚	观察
3	光泽、光滑	光泽基本均匀光滑无挡手感	光泽均匀一致光滑	观察、手摸检查
4	刷纹	无刷纹	无刷纹	观察
5	裹棱、流坠、皱皮	明显处不允许	不允许	观察

10.3.8 涂层与其他装修材料和设备衔接处应吻合，界面应清晰。

检验方法：观察。

10.4 美术涂饰工程

10.4.1 本节适用于套色涂饰、滚花涂饰、仿花纹涂饰等室内外美术涂饰工程的质量验收。

主 控 项 目

10.4.2 美术涂饰所用材料的品种、型号和性能应符合设计要求。

检验方法：观察；检查产品合格证书、性能检测报告和进场验收记录。

10.4.3 美术涂饰工程应涂饰均匀、粘结牢固，不得漏涂、透底、起皮、掉粉和反锈。

检验方法：观察；手摸检查。

10.4.4 美术涂饰工程的基层处理应符合本规范第10.1.5条的要求。

检验方法：观察；手摸检查；检查施工记录。

10.4.5 美术涂饰的套色、花纹和图案应符合设计要求。

检验方法：观察。

一 般 项 目

10.4.6 美术涂饰表面应洁净，不得有流坠现象。

检验方法：观察。

10.4.7 仿花纹涂饰的饰面应具有被模仿材料的纹理。

检验方法：观察。

10.4.8 套色涂饰的图案不得移位，纹理和轮廓应清晰。

检验方法：观察。

11 裱糊与软包工程

11.1 一 般 规 定

11.1.1 本章适用于裱糊、软包等分项工程的质量验收。

11.1.2 裱糊与软包工程验收时应检查下列文件和记录：

1 裱糊与软包工程的施工图、设计说明及其他设计文件。

2 饰面材料的样板及确认文件。

3 材料的产品合格证书、性能检测报告、进场验收记录和复验报告。

4 施工记录。

11.1.3 各分项工程的检验批应按下列规定划分：

同一品种的裱糊或软包工程每50间（大面积房间和走廊按施工面积30m²为一间）应划分为一个检验批，不足50间也应划分为一个检验批。

11.1.4 检查数量应符合下列规定：

1 裱糊工程每个检验批应至少抽查10%，并不得少于3间，不足3间时应全数检查。

2 软包工程每个检验批应至少抽查20%，并不得少于6间，不足6间时应全数检查。

11.1.5 裱糊前，基层处理质量应达到下列要求：

1 新建筑物的混凝土或抹灰基层墙面在刮腻子前应涂刷抗碱封闭底漆。

2 旧墙面在裱糊前应清除疏松的旧装修层，并涂刷界面剂。

3 混凝土或抹灰基层含水率不得大于8%；木材基层的含水率不得大于12%。

4 基层腻子应平整、坚实、牢固，无粉化、起皮和裂缝；腻子的粘结强度应符合《建筑室内用腻子》（JG/T 3049）N型的规定。

5 基层表面平整度、立面垂直度及阴阳角方正应达到本规范第4.2.11条高级抹灰的要求。

6 基层表面颜色应一致。

7 裱糊前应用封闭底胶涂刷基层。

11.2 裱 糊 工 程

11.2.1 本章适用于聚氯乙烯塑料壁纸、复合纸质壁纸、墙布等裱糊工程的质量验收。

主 控 项 目

11.2.2 壁纸、墙布的种类、规格、图案、颜色和燃烧性能等级必须符合设计要求及国家现行标准的有关规定。

检验方法：观察；检查产品合格证书、进场验收记录和性能检测报告。

11.2.3 裱糊工程基层处理质量应符合本规范第 11.1.5 条的要求。

检验方法：观察；手摸检查；检查施工记录。

11.2.4 裱糊后各幅拼接应横平竖直，拼接处花纹、图案应吻合，不离缝，不搭接，不显拼缝。

检验方法：观察；拼缝检查距离墙面 1.5m 处正视。

11.2.5 壁纸、墙布应粘贴牢固，不得有漏贴、补贴、脱层、空鼓和翘边。

检验方法：观察；手摸检查。

一 般 项 目

11.2.6 裱糊后的壁纸、墙布表面应平整，色泽应一致，不得有波纹起伏、气泡、裂缝、皱折及斑污，斜视时应无胶痕。

检验方法：观察；手摸检查。

11.2.7 复合压花壁纸的压痕及发泡壁纸的发泡层应无损坏。

检验方法：观察。

11.2.8 壁纸、墙布与各种装饰线、设备线盒应交接严密。

检验方法：观察。

11.2.9 壁纸、墙布边缘应平直整齐，不得有纸毛、飞刺。

检验方法：观察。

11.2.10 壁纸、墙布阴角处搭接应顺光，阳角处应无接缝。

检验方法：观察。

第六章 涂裱工程管理知识

第一节 工料计算

工料计算既是专业分包合同计价的需要,也是分包企业或班组内部核算的基础。

一、工料计算的依据

所分包的工程项目,设计图纸、施工做法及质量等级要求(工艺标准),图纸会审,答疑结果

《建筑装饰装修工程质量验收规范》(GB 50210—2001)

《全国统一建筑装饰装修工程消耗量定额》(GYD—901—2002)

地方建设行政主管部门颁发的有关定额,以及相关文件,如《北京市建设工程预算定额》(装饰工程)京建京[2001]664号文

二、工程量计算

涂裱工程的工程量计算是比较复杂的过程,凡是需要进行涂饰和裱糊的部位都需要进行计算。所以必须根据不同的部位和造型,依据"消耗量定额"计算规则进行计算。

工程量计算规则

一、楼地面、顶棚、墙、柱、梁面的喷(刷)涂料、抹灰面油漆及裱糊工程,均按附表相应的计算规则计算。

二、木材面的工程量分别按附表相应的计算规则计算。

三、金属构件油漆的工程量按构件重量计算。

四、定额中的隔墙、护壁、柱、顶棚木龙骨及木地板中木龙骨带毛地板,刷防火涂料工程量计算规则如下:

1. 隔墙、护壁木龙骨按其面层正立面投影面积计算。
2. 柱木龙骨按其面层外围面积计算。
3. 顶棚木龙骨按其水平投影面积计算。
4. 木地板中木龙骨及木龙骨带毛地板按地板面积计算。

五、隔墙、护壁、柱、顶棚面层及木地板刷防火涂料,执行其他木材面刷防火涂料相应子目。

六、木楼梯(不包括底面)油漆,按水平投影面积乘以系数2.3,执行木地板相应子目。

1. 木材面油漆

执行木门定额工程量系数表　　　　　表 6-1

项 目 名 称	系 数	工程量计算方法
单层木门	1.00	按单面洞口面积计算
双层(一玻一纱)木门	1.36	
双层(单裁口)木门	2.00	
单层全玻门	0.83	
木百叶门	1.25	

执行木窗定额工程量系数表　　　　　表 6-2

项 目 名 称	系 数	工程量计算方法
单层玻璃窗	1.00	按单面洞口面积计算
双层(一玻一纱)木窗	1.36	
双层框扇(单裁口)木窗	2.00	
双层框三层(二玻一纱)木窗	2.60	
单层组合窗	0.83	
双层组合窗	1.13	
木百叶窗	1.50	

执行木扶手定额工程量系数表　　表6-3

项　目　名　称	系　数	工程量计算方法
木扶手（不带托板）	1.00	按延长米计算
木扶手（带托板）	2.60	
窗帘盒	2.04	
封檐板、顺水板	1.74	
挂衣板、黑板框、单独木线条100mm以外	0.52	
挂镜线、窗帘棍、单独木线条100mm以内	0.35	

执行其他木材面定额工程量系数表　　表6-4

项　目　名　称	系　数	工程量计算方法
木板、纤维板、胶合板顶棚	1.00	长×宽
木护墙、木墙裙	1.00	
窗台板、筒子板、盖板、门窗套、踢脚线	1.00	
清水板条顶棚、檐口	1.07	
木方格吊顶顶棚	1.20	
吸声板墙面、顶棚面	0.87	
暖气罩	1.28	
木间壁、木隔断	1.90	单面外围面积
玻璃间壁露明墙筋	1.65	
木棚栏、木栏杆（带扶手）	1.82	
衣柜、壁柜	1.00	按实刷展开面积
零星木装修	1.10	展开面积
梁柱饰面	1.00	展开面积

2. 抹灰面油漆、涂料、裱糊

工程量系数表　　表6-5

项　目　名　称	系　数	工程量计算方法
混凝土楼梯底（板式）	1.15	水平投影面积
混凝土楼梯底（梁式）	1.00	展开面积
混凝土花格窗、栏杆花饰	1.82	单面外围面积
楼地面、顶棚、墙、柱、梁面	1.00	展开面积

3. 消耗定额举例

涂刷硝基清漆消耗定额表

表 6-6

工作内容：清扫、磨砂纸、润油粉、刮腻子、刷硝基清漆、磨退出亮。

定额编号				5-073	5-074	5-075	5-076
项目				润油粉、刮腻子、硝基清漆、磨退出亮			
				单层木门	单层木窗	木扶手（不带托板）	其他木材面
				m^2	m^2	m	m^2
	名称	单位	代码	数量			
人工	综合人工	工日	000001	1.3610	1.3610	0.3745	0.9830
材料	石膏粉	kg	AC0760	0.0084	0.0070	0.0008	0.0042
	大白粉	kg	AJ0520	0.5600	0.4670	0.0540	0.2823
	砂纸	张	AN4950	0.4800	0.4000	0.0500	0.2400
	水砂纸	张	AN4952	0.4800	0.4000	0.0500	0.2400
	泡沫塑料30mm厚	m^2	AP0260	0.0200	0.0200	0.0100	0.0100
	豆包布(白布)0.9m宽	m	AQ0432	0.0960	0.0800	0.0090	0.0480
	棉花	kg	AQ1160	0.0100	0.0080	0.0010	0.0050
	棉纱头	kg	AQ1180	0.0360	0.0300	0.0040	0.0180
	硝基清漆	kg	HA0230	1.1743	0.9786	0.1125	0.5921
	滑石粉	kg	HA1280	0.0020	0.0030	0.0010	0.0010
	色粉	kg	HA1310	0.0420	0.0350	0.0040	0.0212
	硝基稀释剂	kg	HA1930	2.7480	2.2900	0.2634	1.3850
	煤油	kg	JA0470	0.0050	0.0040	0.0010	0.0020
	酒精（乙醇）	kg	JA0900	0.0140	0.0114	0.0013	0.0070
	漆片	kg	JA2390	0.0031	0.0026	0.0003	0.0016
	砂蜡	kg	JA2480	0.0370	0.0310	0.0040	0.0190
	上光蜡	kg	JA2490	0.0120	0.0100	0.0010	0.0060
	骨胶	kg	JB0380	0.0180	0.0150	0.0020	0.0090

过氯乙烯清漆消耗定额表　计量单位：t　**表6-7**

工作内容：清扫、补缝、刮腻子、刷漆等。

定额编号			5-182	5-183	5-184	5-185
项　目			过氯乙烯清漆			
			五遍成活	每增加一遍		
				底漆	磁漆	清漆
名　称	单位	代码	数　量			
人工	综合人工	工日	000001	17.1000	3.2800	3.2800	3.0200
材料	过氯乙烯磁漆	kg	HA0080	22.6200	—	11.3100	—
	过氯乙烯底漆	kg	HA0390	11.2200	11.2200	—	—
	过氯乙烯清漆	kg	HA0550	30.4500	—	—	15.2300
	过氯乙烯稀释剂	kg	HA1660	22.0100	3.9500	3.5800	7.6200
	过氯乙烯腻子	kg	HA1770	0.6100	—	—	—

4．裱糊

裱糊壁纸消耗定额　计量单位：m²　**表6-8**

工作内容：清扫、执补、刷底油、刮腻子、磨砂纸、配制贴面材料、裱糊、刷胶、裁墙纸（布）、贴装饰画等全部操作过程。

定额编号			5-287	5-288	5-289
项　目			墙面贴装饰纸		
			墙纸		织锦缎
			不对花	对花	
名　称	单位	代码	数　量		
人工	综合人工	工日	000001	0.2040	0.2180	0.2510
材料	墙纸	m²	AG0030	1.1000	1.1579	—
	织锦缎	m²	AG0060	—	—	1.1579
	大白粉	kg	AJ0520	0.2350	0.2350	0.2350
	酚醛清漆	kg	HA0210	0.0700	0.0700	0.0700
	油漆溶剂油	kg	JA0541	0.0300	0.0300	0.0300
	聚醋酸乙烯乳液	kg	JA2150	0.2510	0.2510	0.2510
	羧甲基纤维素	kg	JA3040	0.0165	0.0165	0.0165

三、工时消耗定额（举例）

表 6-9

(根据全国统一建筑装饰装修工程消耗量定额)

项目名称	单位	调和漆(二遍)	聚氨酯漆(二遍)	清漆	清漆四遍磨退出亮	硝基清漆磨退出亮	漆片硝基磨退出亮	丙烯酸磨退出亮	过氯乙烯五遍成活	广漆(二遍)	亚光面漆(二遍)	防火涂料
单扇木门	工日/m²	0.25	0.389	0.201	0.788	1.361	1.048	0.707	0.490	1.237	0.557	0.1603
单扇木窗	工日/m²	0.25	0.389	0.201	0.788	1.361	1.048	0.707	0.490	1.237	0.557	0.1603
木扶手	工日/m	0.065	0.107	0.054	0.217	0.3745	0.291	0.197	0.133	0.219	0.151	0.0323
其他木材面	工日/m²	0.176	0.279	0.146	0.569	0.983	0.757	0.511	0.301	0.540	0.409	0.0897

项目名称	单位	乳胶漆(二遍)	乳胶漆(三遍)	单位	墙、柱、梁	顶棚
抹灰面	工日/m²	0.112	0.122	工日/m²	0.114	0.127
拉毛面	工日/m²	0.0501		工日/m²	0.103	0.114
砖墙面	工日/m²	0.030		工日/m²	0.093	0.103
混凝土花饰	工日/m²	0.090		工日/m²	0.053	0.059
阳台	工日/m²	0.030				
窗台板	m	0.034				
8m内线条	m	0.026				

项目名称: 裱糊大压花 / 裱糊中压花 / 裱糊喷中点 / 裱糊平面

四、工料计算实例

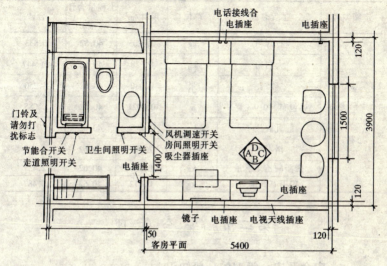

图 6-1

（一）客房卧室工程量计算

墙面工程要求刷普通乳胶漆三遍。

1. A、C 面（3.9 - 0.24）× 2 × 2.6（高）= 19.03 - 5.61 = 13.42m²

　扣减，窗洞　1.5 × 1.5 = 2.25m²　　　　　　　（窗洞）

　　　　哑口　1.4 × 2.4 = 3.36m²

小计　　　　　　　5.61m²

2. B、D 面（5.4 - 0.17）× 2 × 2.6m = 27.20m²

3. 墙面合计　13.42m² + 27.2m² = 40.62m²

工 料 计 算

定额编号	工程名称	单位	用料/m²	工程量合计 (m²)	合计
5—196	客房卧室墙面抹灰面刷乳胶漆三遍				
	综合人工	工日	0.122	40.62	4.956

续表

定额编号	工程名称	单位	用料/m²	工程量合计 (m²)	合计
材料	石膏粉	kg	0.0205	40.62	0.833
	大白粉	kg	0.528	40.62	21.447
	砂纸	张	0.080	40.62	3.250
	豆包布（0.9m 宽）	m	0.0021	40.62	0.085
	乳胶漆	kg	0.4326	40.62	17.572
	滑石粉	kg	0.1386	40.62	5.630
	聚醋酸乙烯乳液	kg	0.060	40.62	2.437
	羧甲基纤维素	kg	0.012	40.62	0.487

第二节 安全管理

一、安全及安全管理的一般知识

所谓安全，就是在施工过程中（从开工到竣工交付使用的全过程）没有危险，不出事故。安全是相对危险而言的。危险事故一旦产生，便会造成人身伤亡，设备毁坏，财产损失，造成环境污染。安全的含义就是：人要安全无恙，物要安稳可靠，环境要安全良好。安全生产（施工）是国家十分关心的大事。我国颁布了多种法律法规，如《宪法》《刑法》《劳动法》《建筑法》中都对安全生产均提出了严格要求。建设部颁布了《国营建筑企业安全生产工业条例》和《建筑施工安全检查评分标准》各地政府也都颁布了有关安全生产法规。可见安全生产的重要性。

建筑装饰安全生产管理是企业管理的重要组成部分，是保证施工顺利进行、防止伤亡事故发生、确保安全生产而采取的各种对策方针和行动的总称。管理内容如下表：

二、安全操作规程之——油漆工

油 漆 工

（一）各种油漆材料（汽油、漆料、稀料）应单独存放在专用库房内,不得与其他材料混放。库房应通风良好。易挥发的汽油、稀料应装入密闭容器中,严禁在库内吸烟和使用任何明火。

(二)油漆涂料的配制应遵守以下规定:

1. 调制油漆应在通风良好的房间内进行,调制有害油漆涂料时,应戴好防毒口罩、护目镜,穿好与之相应的个人防护用品。工作完毕应冲洗干净。

2. 工作完毕,各种油漆涂料的溶剂桶(箱)要如盖封严。

3. 操作人员应进行体检,患有眼病、皮肤病、气管炎、结核病者不宜从事此项作业。

(三)使用人字梯应遵守以下规定:

1. 高度2m以下作业(超过2m按规定搭设脚手架)使用人字梯应四脚落地,摆放平稳,梯脚应设防滑橡皮垫和保险拉链。

2. 人字梯上搭铺脚手板,脚手板两端搭接长度不得少于20m。脚手板中间不得同时两人操作,梯子挪动时,作业人员必须下来,严禁在梯子上踩高跷式挪动。人字梯顶部铰轴不准站人、不准铺设脚手板。

3. 人字梯应经常检查,发现开裂、腐朽、榫头松动、缺挡等不得使用。

(四)使用喷灯应遵守以下规定:

1. 使用喷灯前应检查开关及零部位是否完好,喷嘴要畅通。

2. 喷灯加油不得超过容量的4/5。

3. 每次打气,不能过足。点火应选择在空旷处,喷嘴不得对人。气筒部分出现故障,应先熄灭喷灯,再行修理。

(五)外墙、外窗、外楼梯等高处作业时,就系好安全带。安全带应高挂低用,挂在牢靠处。油漆窗户时,严禁站在或骑在窗栏上操作,刷封沿板或水落管时,应利用脚手架或专用操作平台架上进行。

（六）刷坡度大于25°铁皮层面时，应设置活动跳板、防护栏杆和安全网。

（七）刷耐酸、耐腐蚀的过氧乙烯涂料时，应戴防毒口罩。打磨砂纸时必须戴口罩。

（八）在室内或容器内喷涂，必须保持良好的通风。喷涂时严禁对着喷嘴察看。

（九）空气压缩机压力表和安全阀必须灵敏有效。高压气管各种接头应牢固，修理料斗气管时应关闭气门，试喷时不准对人。

（十）喷涂人员作业时，如头痛、恶心、心闷和心悸等，应停止作业，到户外通风换气。

三、安全操作规程之二——玻璃工

玻 璃 工

（一）裁割玻璃应在房间内进行，边角余料要集中堆放，并及时处理。

（二）搬运玻璃时应戴手套或用布、纸垫着玻璃，将手及身体裸露部分隔开。散装玻璃运输必须采用专门夹具（架）。玻璃应直立堆放，不得水平堆放。

（三）安装玻璃所用工具应放入工具袋内，严禁将铁钉含在口内。

（四）悬空高处作业必须系好安全带，严禁腋下挟住玻璃，另一手扶梯攀登上下。

（五）安装窗扇玻璃时，严禁上下两层垂直交叉同时作业；安装天窗及高层房屋玻璃时，作业下方严禁走人或停留。碎玻璃不得向下抛掷。

（六）玻璃幕墙安装应利用外脚手架或吊篮架子从上往下逐层安装；抓拿玻璃时应利用橡皮吸盘。

（七）门窗等安装好的玻璃应平整、牢固、不得松动。安装完毕必须立即将风钩挂好或插上插销。

（八）安装完毕，所剩残余玻璃，必须及时清扫集中堆放到指定地点。

四、预防和处理涂裱工安全事故的方法

（一）施工前的预防措施

涂裱工经常会接触到一些易燃物品和易腐蚀的物品，所以在施工前就应注意安全，除了对物品的性能要了解外，对施工场地、施工工具也要了解，这样才能有效地做好预防措施。

1. 涂料工程施工现场要严格遵守防火制度，严禁火源，通风要良好。涂料库房要远离建筑物，并备有足够的灭火器械。

2. 现场使用汽油、脱漆剂清除旧油漆时，应切断电源，严禁吸烟，周围不得堆积易燃物。

3. 施涂用的脚手架，在施工前要经过安全部门验收，合格后方可上人操作，室内高度超过3.6m以上时，应搭满堂红脚手架或工作台。

4. 在使用火碱水清除旧油漆前，要戴好橡皮手套与防护眼镜及穿防护鞋。

5. 高空和垂直作业施工时，必须戴好安全帽，系好安全带。

6. 在楼房外檐安装玻璃时，要告知下层外檐人员，不准进行门窗或外檐装饰工作，以免玻璃失落伤人。

（二）施工中常见安全事故及处理方法

1. 火灾

油漆工经常接触的易燃材料有汽油、硝基涂料、某些胶粘剂、松香水、香蕉水、醇酸清漆、聚氨酯稀释剂、酒精、氯化橡胶涂料稀释剂等。这些易燃品由于贮存和使用不当，施工有时会发生火灾事故，造成人身伤害和经济损失。

（1）产生原因

1）贮存环境温度过高。

2）施工时遇烟火，引起火灾。

3) 其他原因造成的火灾发生。

(2) 处理方法

1) 油漆工常用的灭火方法有三种

第一,固体燃料引起的燃烧(如木材、纸、布或垃圾)应用水扑灭。

第二,液体或气体引起的燃烧(如油、涂料溶剂)应用泡沫、粉末或气体灭火材料切除氧气的供应。

第三,电气设备发生的火焰(电机、电线、开关)用非导电灭火材材料隔离扑灭。

2) 个人紧急救护方法

第一,先使被烧者面向下躺卧,避免火焰烧到脸部。

第二,用水或其他非易燃液体扑灭火焰。

第三,用毯子或衣物将人裹住,隔离空气直至火焰熄灭(不得使用尼龙或其他合成纤维包裹)。

当只有一个人时,应卧倒在地上滚动,用附近的可覆盖的物件灭火,不可乱跑。

2. 有害气体的危害与防护

有害气体包括溶剂的烟气、一氧化碳、普遍可燃物所产生的烟气等。当人不能充分呼吸氧气时,就会出现窒息昏迷,窒息会产生三种危害:在脚手架上昏迷会有丧生的可能;大脑缺氧超过1min,会产生永久性损伤;缺氧时间过长会导致死亡。

防范措施:

(1) 施涂现场应充分通风或备有合适的呼吸保护器械。

(2) 当环境限制通风不可能时,应进行短时间的轮班工作,以保证施涂人员在户外吸入充足的氧气。

(3) 在管道、隧道等狭窄处施工,必须使用呼吸设备,使用呼吸设备必须进行专门训练。

(4) 不得使用燃烧设备,施涂现场不应有烟或明火,特别是使用氧化烃溶剂时。

(5) 室内排泄废气的设备不应用汽油或柴油发动机。

(6) 应时常检查软管接头、气瓶或气嘴以防有泄漏处。

3. 有害灰尘的危害与防护

过度地吸入灰尘会使呼吸器官受到严重伤害。吸入石棉能引起严重的肺部疾病；吸入许多含硅的灰尘，对肺有严重危害，并会伤害眼睛；吸入过量的任何种类木材粉尘均会损伤呼吸器官；吸入塑料粉尘能伤害肺部。这些表现在：流鼻涕和眼泪，咽喉发炎，头痛和眩晕，肺部发炎引起支气管炎。

防护措施：

图 6-2　油漆施工现场应设标志

(1) 在含有害灰尘的空气中工作时，必须戴口罩。

(2) 在进行能伤害施涂人员的眼睛的灰尘环境中工作时，必须戴眼镜或眼睛防护罩。

(3) 在可能的情况下，尽量湿磨操作，减少灰尘。

(4) 有石棉粉尘时，须使用呼吸器。

(5) 清除大量灰尘时，要使用真空吸尘器，不要采用人工刷和扫的方法。

图 6-3　疏散标志

必须戴防护眼镜　　必须戴防毒面具　　必须戴安全帽　　必须系安全带

图 6-4　应准备的保护条件

图 6-5　提示标志

第三节　班组管理知识

班组管理是项目管理的最基层管理,是落实项目部各项管理的基础。在管理层与劳务层分离的新的劳动管理形势下,应该根据劳务市场实际情况,制订出新的班组管理制度。

一、班组劳动管理

(一) 班组劳动管理的内容

班组的劳动管理是整个班组管理的一个重要组成部分。其主要内容有:

1. 班组每个成员必须取得合法的就业证件。
2. 每个技术工人必须取得合格的作业资格证书。
3. 加强劳动纪律,培养"四有"职工队伍。
4. 做好班组工资奖金的使用与管理以及职工生活福利工作,努力提高广大工人群众的物质文化生活水平。

5. 以高级工带动初级工，实行高级工负责制。

（二）建立班组核心要有安全员、质检员、结算员、材料员

目前，在装饰施工企业已经实行管理层与劳务层分离。劳务施工队实行承包制，但对于班组，项目部不能放弃管理，不能以包代管。特别是有些包工队长拿了劳务费不发给工人，造成工人消极怠工，这种情况是经常发生的，项目部必须进行管理。

（三）建立班内作业组

一个生产班组的施工任务完成的过程要经过多道工序，它们相互联系像链条或网络，只有各道工序紧密衔接、互相配合，班组的施工生产才能处于有序状态。为此，班组内应根据各道工序的内容、特点以及相互关联的情况，建立各种作业小组，把全班组的劳动任务分解到各个作业小组，发挥各个作业小组的作用，使整个班组的施工生产井然有序。

（四）班组劳动纪律管理

装饰项目部的劳动纪律主要包括以下一些内容：

1. 服从工作分配，听从工作指挥的调度。个人服从组织，下级服从上级。

2. 按照计划安排，认真执行施工生产与工作指令，严守工作岗位，尽职尽责，不失职、渎职，积极主动完成和超额完成施工生产和各项工作任务。

3. 遵守安全、质量、技术、工艺规程、规范等企业各项规章制度。

4. 爱护国家财产，认真执行设备保养和工具、原材料、成品保管的规定；不损坏机具、励行节约，不浪费原材料和能源。

5. 坚持文明施工、文明生产，注意环境保护和公共卫生，保持施工现场和工作场所整洁。

6. 遵守国家法律、法令、命令、政策和决定，合法生产、合法经营。

7. 保守国家和企业的秘密，维护企业的正当利益。

8. 不拿公家财物，不假公济私，不营私舞弊，不敲诈勒索。

9.严格遵守考勤制度,按时到达工作现场,不迟到,不早退,不旷工,坚守工作岗位,维护正常的生产秩序和工作秩序。

(五)加强班组劳动纪律的教育和管理,是巩固劳动纪律、自觉遵守劳动纪律的基础。班组加强劳动纪律的教育和管理应从以下几个方面考虑:

1.订立班规班约,使劳动纪律具体化,便于工人记忆和掌握,便于执行和检查。

2.加强教育,使工人逐渐养成遵守劳动纪律的习惯,从而变成自觉的行动。教育的方式方法要根据施工生产的具体情况灵活多样的进行。

二、班组施工计划管理

班组施工计划项目计划的落脚点,月、季、年度计划目标,经分解落实到各工种的班组,由班组的月、旬、日分阶段的局部目标,班组通过加强计划管理保证生产任务的实现。

(一)班组施工作业计划编制

施工班组一般由班长或核心小组按照项目部的工程月、旬施工计划或施工任务单来编制班组的施工作业计划。当班组接受任务后,需测算班组的施工能力,编制好班组施工作业计划,其编制方法为:

1.平衡分析法:就是合理组织安排劳动力,使人与人、人与机械设备之间取得最优的配合,并能保证施工质量,提高施工效率和加快施工进度的方法。

2.随机派工法:当班组接到某项任务后,根据任务量的大小和繁简,劳动强度的大小等,派出完全能够按质、按量、按时完成任务的组员去执行的方法。

3.定期计划法:在规定的工期内,发动班组每个成员,详细了解所分派的任务,使分派给每个人的任务都能在规定的计划日期内按质、按量完成的一种方法。

(二)班组施工作业计划的实施和管理

1.班组施工作业计划的实施:施工作业计划编制后,班长首先要做好准备工作,然后向班组的个人下达具体任务。施工任务单是实施班组施工计划的有效形式。通过施工任务单,可以把项目部的各项技术经济指标分解到小组指标落实到班组和个人,使项目部的各项指标的完成同班组个人的日常工作和物质利益紧密地连在一起,从而调动工人的积极性,保证施工计划的顺利进行。

2. 班组施工作业计划的管理:施工作业过程中,由于多种因素的制约,计划的实际进行经常会出现与原定计划不一致的情况,这就需要通过及时而有效的管理和协调,进行计划全面控制。中间控制是班组执行计划期间的一项重要工作,应做好以下几方面的工作:

(1) 抓好班组的综合进度,加强调度。

(2) 班组长在抓生产调度的同时要督促、检查组员做好机械设备的保养工作,以保证机械设备的良好运转和施工顺利进行。

(3) 在施工中一旦发生安全事故、质量事故和机械设备事故,应认真分析原因,限期整改,采取有效的补救措施,尽快恢复施工。

(4) 要及时向项目部提供信息,取得项目部的统一协调。

三、班组安全管理

装饰工程的不安全因素较多。为了确保职工在施工生产过程中的安全健康,必须加强安全教育、管理、采取各种安全技术措施。

(一) 劳动保护

在施工生产过程中,危及劳动者安全与健康的因素有直接和间接两种。在外墙粉饰时可能发生的高处坠落、机械伤人、物体打击等;由于劳动报酬直接与产量挂钩,所以一般劳动者工作时间太长会造成过度疲劳,容易发生工伤事故。为消除不卫生、不安全因素所采取的种种措施,包括组织和技术的,都属于劳动保护范畴,统称为劳动保护。劳动保护就是对劳动者安全与健康执行的保护。为了切实保障劳动者安全和身体健康,国家及地方有关部门制定颁发了一系列的劳动保护法规。如国务院颁发了"三大规程"和"五项规定"。"三大规程"即《工厂安全卫生规程》、《建筑安装工程安全技术规程》和《工人职员伤亡事故报告规程》。"五项规定",即关于安全生产责任制;关于安全技术措施计划;关于安全生产教育;关于安全生产定期检查;关于伤亡事故的调查处理。

(二) 安全管理制度

班组安全生产责任制是班组长和全体班组操作人员在施工生产过程中应负安全责任的一种制度。

1. 班组长的安全责任

(1) 认真贯彻执行有关安全生产的方针、法规和各项制度。在计划、布置、检查、总结、评比生产的时候,同时计划、布置、检查、总结、评比安全工作。对本班组工人在施工中的安全和健康负责。

(2) 经常对本班组人员进行安全教育,狠抓有关安全规程的学习和落实,组织本班组职工抽考规程,使工人熟悉本工种、本岗位的安全操作要求,教育工人在任何情况下决不违章蛮干。

(3) 认真执行交换班制度,和班组安全员一起开展对本组范围内的安全检查,发现问题在立即报告有关领导的同时,积极解决处理,消除隐患。

(4) 组织班组成员积极参加安全日活动。坚持班前安全交底,做到突出重点,针对性强,同时要做好交底记录。

(5) 认真落实安全技术措施,严格执行制度,确保作业环境的安全,卫生。

(6) 督促本班组人员正确使用和爱护劳动保护用品和安全用具。

2. 班组安全员的责任

(1) 督促执行国家的劳动保护规定、教育班组成员严格执行操作规程、设备保养、安全生产及文明施工等规章制度。

(2) 经常检查生产现场和设备、施工机具的安全装置,防尘、防毒设施和三宝（安全帽、安全带、安全网）的佩戴和执行状况，发现问题及时向班长反映，督促解决，保证机具设备经常处于良好状态和正常工作，保证班组安全施工。

(3) 发现伤亡和中毒事故，立即报告，并积极参加抢救工作。协助班组长分析事故原因，采取有效措施，防止事故重复发生。

(4) 协助班组长按规定及时领取和发放劳动保护用品，并指导工人正确使用。

3. 班组职工应遵守的纪律和规章制度

(1) 在施工前，操作人员必须检查工作环境的安全状况，确认安全后才能进行操作。

(2) 严禁随意摆弄现场一切机电设备，不准乘升降台、井字架等起重运输设备上下。

(3) 工作时要集中精力，不准与他人闲谈、打闹和嬉戏，不准酒后操作。

(4) 进入现场必须戴好安全帽，从事高处作业要系好安全带，不准穿拖鞋、高跟鞋或赤脚进场作业。

(5) 工作中禁止擅自挪动或乱拆安全防护设施，并严禁互相打赌逞强，冒险作业等作业。

(6) 严禁在易燃、易爆品附近吸烟、点火，不准在砖垛下或其他危险处休息。

(7) 严禁随意由高处往下扔材料、工具等。

4. 安全教育和检查制度

(1) 安全教育：搞好安全教育是贯彻安全生产方针，实现安全生产、防止伤亡事故和职业病等基础工作的首要工作。开展安全教育必须结合实际，利用多种形式，有针对性地组织职工学习安全生产知识，如油漆工的安全教育重点应放在防火、防爆、防苯中毒和高空作业防摔跌方面。

(2) 安全检查制度：制定和执行安全检查制度是预防事故的重要措施，通过检查，能够发现问题、总结经验、采取措施、消除隐患，防患于未然。施工班组必须严格执行安全检查制度。

四、班组质量管理

班组质量管理是技术管理的深化，班组质量管理是企业质量管理的基础和重要环节。

（一）班组质量管理责任制

为了保证工程质量，一定要明确规定每个工人的质量管理责任，建立严格的管理制度。这样才能使质量管理的任务、要求、办法具有可靠的组织保证。

1．班组长的职责

（1）对本组成员经常进行"质量第一"的教育，并以身作则，认真学习有关质量验收标准和施工验收规范，贯彻质量管理制度，认真执行各项技术规定。积极运用全面质量管理的原理进行本班组质量管理。

（2）组织好本班组的自检和互检，组织好同其他班组的互相接检，帮助、督促、检查班组质量员的工作，发挥班组质量员的作用。

（3）做好工序交接工作，把住质量关。对质量不合格的工序、工程（产品），不转给下道工序，该修的一定要修好，该返工的一定要返工，积极参加质量检查及验收活动。

（4）经常召开本班组的质量会，研究分析班组的质量动态，开展批评与自我批评，使本班组达到质量信得过班组的水平。

2．班组质量员的职责

（1）宣传贯彻"质量是生命"的思想、督促进行质量管理制度。

（2）组织开展 QC 小组和质量信得过班组活动。

（3）搞好班组质量管理，组织质量自检、督促、检查班组成员遵守施工工艺操作规程。

（4）组织开展岗位练兵活动，协助班组长搞好班组全面质量管理的学习。

（5）及时向班组长或工长直至项目部反映原材料、半成品、成品、设备的质量问题,在没有得到解决之前,不得用于正式工程。

(6) 做好班内质量动态资料的收集和整理,及时填写质量检查的原始记录,为 QC 成果积累数据资料。

3. 操作人员的主要职责

(1) 牢固树立"质量第一"的思想,严守操作规程和技术规定,对自己的工作精益求精,做到好中求多,好中求快,好中求省,不能得过且过,马虎从事。

(2) 做到三懂:懂设备性能;懂质量标准和技术规定,懂岗位操作技术。操作前认真熟悉图纸,操作中坚持按图纸和工艺标准施工,不偷工减料,主动做好自检,填好原始记录。

(3) 爱护并节约原材料,合理使用工具、机具和机械设备,精心维护保养。

(4) 严格把住"质量关"不合格的材料不使用,不合格的质量不交接,不规范的工艺不采用,不合格的工程(产品)不交工。

(二) 加强班组施工中的质量管理

1. 做好班组的技术交底工作,班组长由工长进行交底后,再向全组成员进行交底,并组织全班学习图纸,反复研究,讨论执行措施。

2. 搞好施工工艺管理,在施工过程中必须严肃认真地按施工规范或工法进行操作。

3. 在分项工程的施工中,要掌握好工程质量的动态,观察和分析工程的合格率和优良率,发现问题随时采取措施加以解决。

(三) 班组的质量检查

1. 班组自检:这是贯彻预防为主的重要措施,要作为不可缺少的工作程序来执行。班组人员操作要认真,随时自检,每日完工后要按技术交底要求和质量标准,进行自检。通过 QC 质量管理小组的活动,实行质量控制,真正把好自检关。

2. 班组互检：这是互相监督、互相检查、共同提高的有力手段。通过互检，可以肯定成绩，交流经验，找出差距，以便改进和提高。

3. 交接检：是批前后工序之间进行的交接检查，由工长或施工队长组织进行。前道工序应本着"下道工序就是用户"的指导思想为下道工序创造顺利的施工条件；下道工序应保持其有利条件，改进其不足之处，一环扣一环，环环不放松，就为保证施工质量打下了良好的基础。所以，交接验收工作也是促进上道工序自我严格把关的重要手段。

涂裱工在接收检验把关方面有着特殊意义。因为他是装饰的最后一道关。涂裱工程做完之时便是整个工程竣工交验之日。如果这一道关不把严，会给涂裱施工带来难度，甚至造成最后整个装饰工程的不合格。所以，各工序的交接检验很重要。涂裱工的验收更重要。

附　　录

一、涂饰工艺名词浅释

序号	名词	含义浅释
1	油性漆	以具有干燥能力的油脂作为主要成膜物质的涂料。如清油、厚漆、油性调和漆，又称油脂漆
2	树脂漆	以树脂作为主要成膜物质的涂料。如天然树脂漆（虫胶漆、大漆）；人造树脂漆（如酯胶漆，硝基漆）；合成树脂漆（如醇酸漆、酚醛漆等），按含油量的多少有长油度、中油度、短油度之分
3	油基漆	以油料和少量天然树脂作为主要成膜物质的涂料，按含油量的多少有长油度、中油度、短油度之分
4	长、中、短油度	在油基漆中，树脂∶油＝1∶2以下为短油度，1∶2～3为中油度，1∶3以上为长油度
5	灰油	将生桐油与土子、樟丹等催干剂适量熬制成灰油。用来配制油满用
6	坯油	将纯桐油或以桐油为主的混合油，不加任何催干剂熬。成熟桐油用以配制广漆用

续表

序号	名词	含义浅释
7	地杖活	在古建工程中利用灰油、光油血料、砖灰、麻布等,将建筑物的构件进行衬底、整形、防腐和装饰的施工过程
8	油满	用面粉及石灰水将灰油乳化,搅成糊状
9	立粉	又称"沥粉",是古建油漆彩画中的一种技法。用特制的工具将尖似软腻子的糊状物,成条状立在图案花纹的轮廓上,形成凸的特殊造型
10	拼色	也称调色或勾色,通过用水色中酒色调整漆面的色差,使个漆层色泽均匀的工艺过程
11	酒色	将一些碱性染料或醇溶性染料溶解于酒精或虫胶清漆中形成的染色液
12	水色	将溶解于水的颜料或染料,以一定是配合比溶解在水中形成的染色液
13	汗胶	为增强涂料与基层的粘结力,将一定稠度的胶液涂饰在基层上的操作过程
14	棕眼	又称鬃眼,树木的木质细胞,在木材的表面上呈现的管孔
15	金胶油	古建工程中粘贴金箔用的底油
16	土子	又称土籽,为催干剂,主要成分为 MnO_2

二、常用涂料名称对照表

序号	涂料名称	又名
1	清油	光油、熟桐油、全油性清漆、鱼油、调漆油、熟油
2	铅油	厚油、厚漆
3	油性调和漆	调和漆、普通色漆、复色漆
4	油基色漆	磁漆、高级色漆
5	虫胶清漆	虫胶漆、洋干漆、漆片、泡立水、虫胶油精涂料
6	硝基清漆	腊克、清喷漆、喷漆
7	大漆	天然漆、土漆、山漆、生漆、国漆
8	广漆	油基大漆、熟漆、金漆、龙罩漆
9	黑色推光漆	黑精制大漆
10	白酯胶磁漆	特酯胶磁漆、白万能漆

续表

序号	涂料名称	又名
11	醇酸磁漆	三宝漆
12	醇酸清漆	三宝清漆
13	酚醛清漆	凡立水、永明漆、水砂纸漆
14	硝基磁漆	混色腊克、混色喷漆
15	聚酯漆	聚酯木器漆、不饱和聚酯漆、玻璃钢漆
16	聚氨酯漆	树脂清漆、685树酯、672树酯
17	银粉漆	铝粉漆、铝银浆、银粉浆
18	可赛银浆	酪素墙粉
19	石灰浆	石灰水、白灰浆
20	鸡脚菜	龙须菜、鹿角菜
21	松香水	200号溶剂汽油、石油溶剂
22	酒精	乙醇
23	硝基漆稀释剂	喷漆稀料、香蕉水、信那水
24	催干剂	燥漆、燥液、易干油、燥头水、燥油、干燥剂
25	固化剂	硬化剂
26	防潮剂	防白药水
27	脱漆剂	去漆药水、洗漆剂、脱白药水
28	油灰	批灰、油性腻子
29	水粉子	润老粉
30	动物胶	广胶、皮胶、骨胶
31	料血	血料、熟猪血、蚂蟥料
32	腻子	填泥
33	红丹	铅丹、樟丹、光明丹
34	黄丹	密陀僧、它参
35	氧化铁红	红土、铁红、西红、凡红
36	氧化铁黄	铁黄、茄门黄
37	洋苏木	金黄粉、酸性橙

续表

序号	涂料名称	又　名
38	哈巴粉	栗色粉
39	块子金黄	碱性橙、盐基金黄
40	金粉	铜粉
41	银粉	铝粉
42	老粉	大白粉、白土粉、双飞粉、方解石粉、白垩、碳酸钙、麻斯面子
43	锌钡白	立德粉、重碳酸钙
44	石膏粉	硫酸钙
45	滑石粉	硅酸镁
46	重晶石粉	硫酸钡
47	体质颜料	填料、填充料
48	石蜡	白蜡、硬蜡、四川蜡
49	上光蜡	油蜡、汽车蜡、亮光蜡、光蜡
50	砂蜡	磨光剂、抛光膏、绿油

参考文献

1 王福川主编.现代建筑装修材料及其施工.北京:中国建筑工业出版社,1986
2 吴之昕主编.建筑装饰工长手册.北京:中国建筑工业出版社,1996
3 周中平,朱立,赵寿堂,赵毅红等编.空气污染检测与控制.北京:化学工业出版社,2002
4 孙宜宜主编.土木建筑职业技能岗位培训教材(油漆工·中高级).北京:中国建筑工业出版社,1998
5 黄瑞先编著.建筑工人职业技能培训丛书(油漆工基本技术).北京:金盾出版社,2000
6 建筑装饰装修质量验收规范 GB 50210—2001
7 建设工程项目管理规范 GB/T 50326—2001
8 叶刚主编.建筑工程安全员必读.北京:金盾出版社,2002